野外調査アルバム

「なぜ飛ぶ?」「どう潜る?」……
生物の素朴な「?」解明のため、
北極から南極、そして熱帯の海までも、
調査機材を持って駆け巡る。

バイカルアザラシの潜水行動調査

2003〜07年／ロシア、バイカル湖

1.

3.

2.

4.

6.

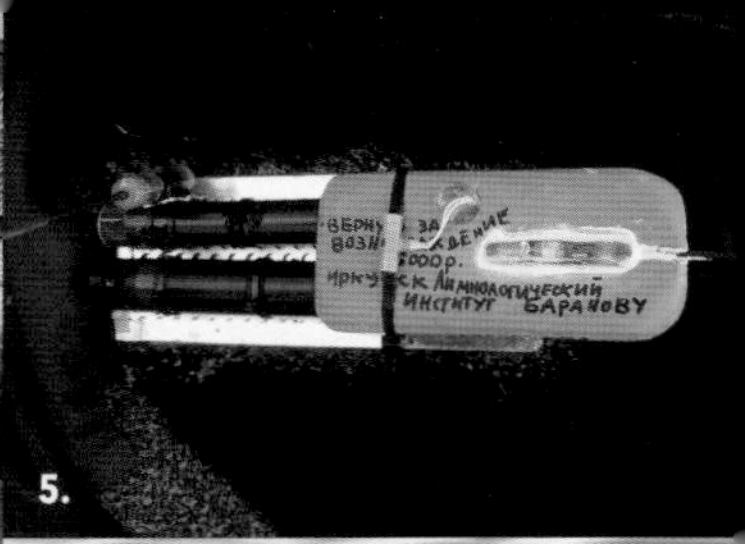

5.

8.

7.

9.

10.

1.体長より胴回りが長いバイカルアザラシ。いくらなんでも太り過ぎ？ **2. 3.**毛皮をとるためのアザラシ漁。 **4.**大自然の生活を教えてくれたバラノフさんは人生の師匠。 **5.**背中に取り付けたカメラと行動記録計。回収に失敗したときのために「拾った方には5000ルーブル差し上げます」のおまじない。 **6.**バンの後ろにボートをつなげて現地へ。 **7. 8.**こう見えても潜るとすごいんです。 **9. 10.**切り離されて湖面に浮かぶ記録計を見つけて回収。感激の瞬間！

鵜の飛翔行動調査

2008〜09年／ケルゲレン島（亜南極フランス領）

1.

3.

2.

5.

4.

1.「怪物」ミナミゾウアザラシは体重1トンをゆうに超える。**2.**くりくり眼のハイイロアホウドリが空を舞う。**3.**「アヒル顔」の王様、ワタリアホウドリ。**4.**獰猛なオオフルマカモメは見た目も不気味。**5.**ナンキョクオットセイの母子。**6.**ジェンツーペンギンが天を見上げて「グエッ」。**7.**ツートンカラーがお洒落なケルゲレンヒメウが調査のターゲット。**8.**天気のよい日は調査小屋の外でランチ。**9.**世界有数のキングペンギンの繁殖地。ここまでくると気持ち悪い？**10. 11.**船の中でもコース料理。さすが美食の国フランス。

アデリーペンギンの生態調査

2010〜12年／南極、昭和基地周辺

1.

3.

2.

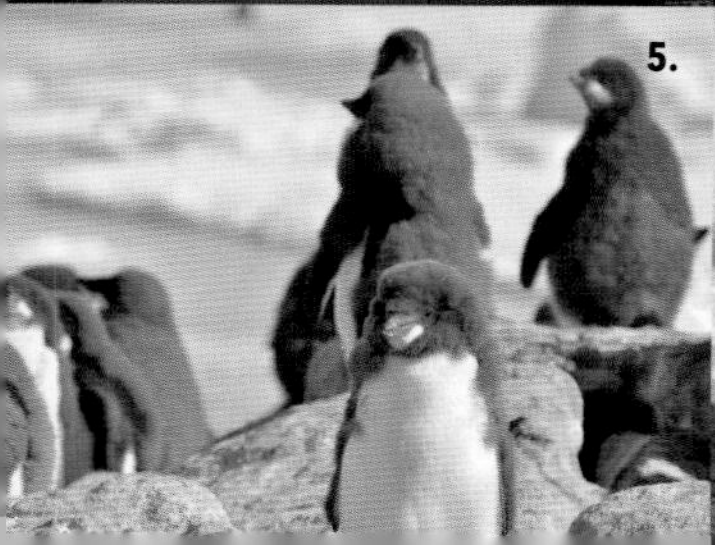
5.

4.

7.

6.

10.

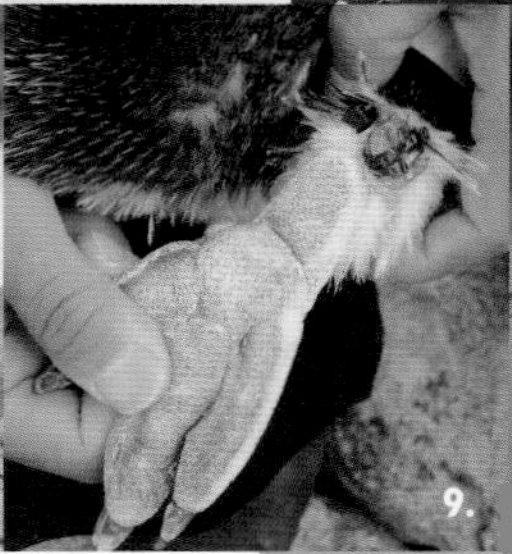
9.

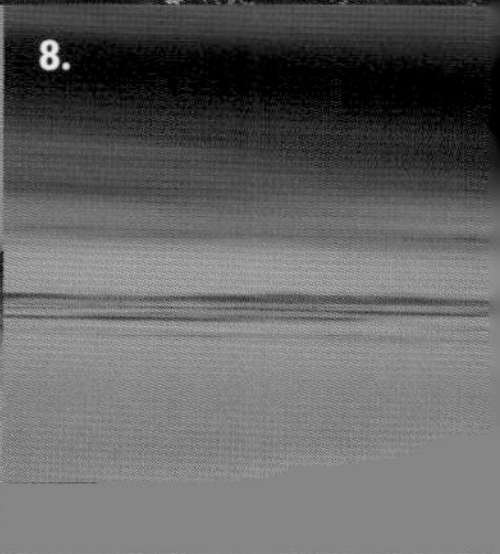
8.

1～3.エンペラーペンギンの群れに氷山やオーロラ。荘厳な光景が続く。4.南極で登山。眺めは最高！　5.モコモコの羽毛が抜け落ちていく思春期（？）のアデリーペンギン。6.ザトウクジラも歓迎している？　7.ウェッデルアザラシの子どもは警戒心ゼロ。あなたそれでも野生動物か。8.夕景は鮮やかなグラデーション。氷山をシルエットに。9.ペンギンの足にジオロケータを取り付ける。10.GPSと加速度計を背中に。行ってらっしゃい。11.12.ペンギンに装着したビデオカメラの映像。11は海の中でオキアミを捕まえる瞬間（手前は自身の後頭部）。12は目の前を別のペンギンがポチャリ。

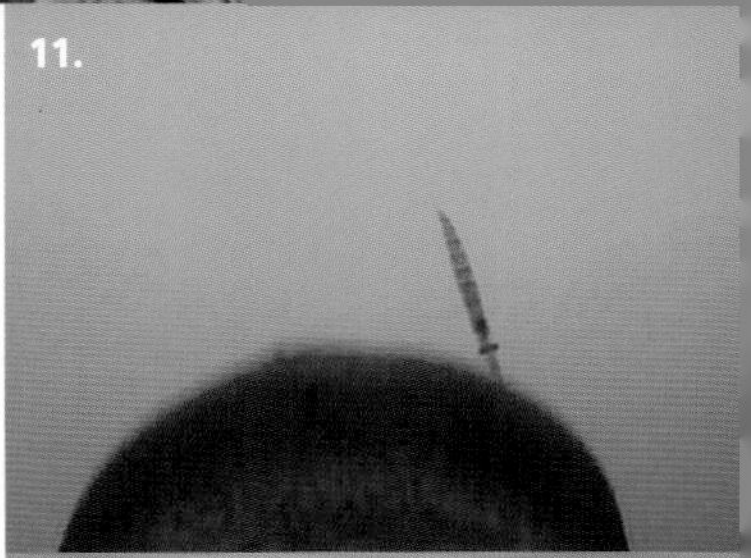
11.

12.

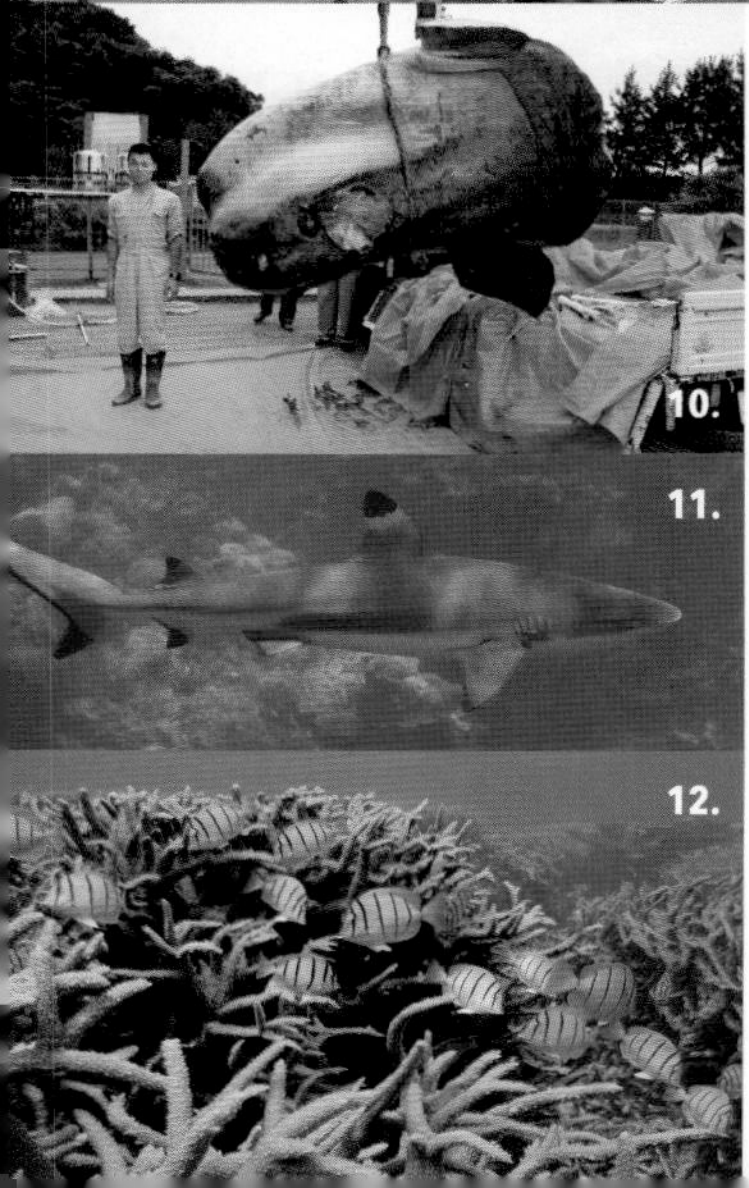

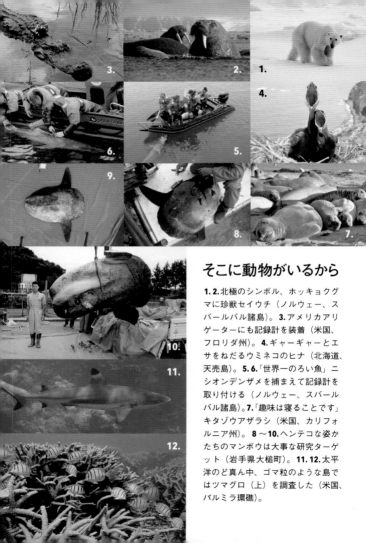

そこに動物がいるから

1. 2. 北極のシンボル、ホッキョクグマに珍獣セイウチ（ノルウェー、スバールバル諸島）。**3.** アメリカアリゲーターにも記録計を装着（米国、フロリダ州）。**4.** ギャーギャーとエサをねだるウミネコのヒナ（北海道、天売島）。**5. 6.**「世界一のろい魚」ニシオンデンザメを捕まえて記録計を取り付ける（ノルウェー、スバールバル諸島）。**7.**「趣味は寝ることです」キタゾウアザラシ（米国、カリフォルニア州）。**8 〜 10.** ヘンテコな姿かたちのマンボウは大事な研究ターゲット（岩手県大槌町）。**11. 12.** 太平洋のど真ん中、ゴマ粒のような島ではツマグロ（上）を調査した（米国、パルミラ環礁）。

河出文庫

ペンギンが教えてくれた
物理のはなし

渡辺佑基

kawade bunko

河出書房新社

目次

第四章 潜る——潜水の極意はアザラシが知っていた

イラスト：ヒダカナオト

ペンギンが教えてくれた物理のはなし

はじめに

幼少のみぎりの私の人生最大のミステリーは、自分が将来どんな職業に就くか、ということだった。

なにしろミーハーである。小学生の頃は週刊少年ジャンプに熱狂しては漫画家になりたいと願い、ファミコンゲームに没頭してはプロのゲーマーに憧れ、魚釣りに夢中になってはマイボートを駆ってトーナメントを転戦するプロのバス釣り師になりたいと願った。

中高生になるといささか現実的にはなったものの、それでも料理人になりたいとか、やっぱり医者を目指すんだとか、いや絶対宇宙飛行士になるんだとか、将来の夢はコロコロと変わり、とりとめがなかった。

大人になったら、いったいどんな職業に就いているのだろう――私はそれが知りたくて知りたくてたまらなかったし、十余年後かにはあまたの可能性の中からたったひとつの定職が選ばれているという当たり前の道理が、なにか宇宙の果てのそのまた向こうにある謎の物質のように摩訶不思議に思えた。
――で、三五歳の今、ふと気付けば生物学者をしている。生物学者⁉　子どもの頃にあれほど想像を巡らせたにもかかわらず、みじんも想起されなかった職業にいつの間にか就いていた。

私は東京都立川市にある国立極地研究所という研究所に勤めている生物学者である。国立極地研究所はその名の通り、南極、北極を舞台として、生物学、地学、物理学など様々な自然科学の研究をすめている研究所。だから私もほぼ毎年のように南極、北極、あるいはその両方に出かけ、現地でペンギンやアザラシなどの野生動物の生態調査を実施している。ただし私はハワイの海にいるサメなども研究しており、そういうときは極地研究所の上司には「アメリカに行ってきます」とだけ告げてコソコソと出かける。

調査旅行用の大きなスポーツバッグには必ず、円筒形をした小さな電子機器を何台も入れていく。それはタイプによって、人差し指の先ほどの大きさだったり、一五センチくらいの長さがあったりするが、基本的な構造や使い方は同じだ。パソコンにつなげてセットアップしたあとに、野生動物の体（ペンギンやアザラシなら背中、サメなら背びれ）にぺたりと張り付ける。数日から数週間後に動物を再捕獲し、あるいは機器だけをタイマーで動物の体から切り離し、回収してデータをダウンロードすれば、動物がどこで何をしていたのかを克明に読み取ることができる。

これが本書のキーワードであり、私がここ一〇年ほどにわたって続けてきたバイオロギングという調査手法である。

なぜ今バイオロギングなのだろう。

野生動物の研究はいつも、動物を観察することから始まる。シカの研究者ならシカを、カラスの研究者ならカラスを、双眼鏡でつぶさに観察しては気付いたことをノートに記入する。それにくわえて現地の地形や植物相を調べたり、あるいは食べ物を特定するためのフンのサンプルを採取したりする。それは昆虫記を書いたファーブルの時代から何一つ変わらない、生態学の基本的なスタイルである。

けれども観察にはどうしても越えられない壁がある。

双眼鏡越しに見ていたシカがこちらの存在に気付き、樹木のあいだを抜けてスタコラと走り去ってしまったら、お手上げである。ゴミ捨て場のカラスの食事が終わり、バサバサと羽ばたいてビルの谷間に消えてしまったら、打つ手なしである。そもそも人が目にすることのできるシカやカラスの行動は、じつは彼らの生態の限られた一部を切り取った、ごく断片的な情報でしかない。あまつさえ山々を越えて飛翔する鳥たちや、海の中を自由自在に泳ぎ回る魚やアザラシ、クジラなどの姿ともなれば、断片的な情報でさえ得ることが難しい。

こうした観察の限界を補うために開発された手法がバイオロギングである。動物の体に取り付けられた数々のセンサーが人間の目の代わりになって、その動物の行動をつぶさに、長時間にわたって「観察」する。人間の目の届かないはるか遠くの動物の動き、あるいは人間の目では捕捉できない敏速な動きを、客観的な数値データとして刻々と記録する。

いわばバイオロギングは未来からやってきた双眼鏡である。人間の目の潜在能力をはるかに超えた観察を可能にする、魔法のような双眼鏡。それでいて研究の本質的なスタイルは変えることなく、観察、記述、考察という地道なプロセスを経て自然界の真実にたどり着こうとする、そのための双眼鏡。

電子デバイス技術の急速な発展という追い風をめいっぱい受け、バイオロギングはもっか、ものすごい勢いで世界中に広まっている。

さて、バイオロギングの手法の普及とともに、従来型の調査では知りえなかった野生動物の行動が次々と明らかになってきている。いくつか例を挙げてみよう。

・アホウドリは四六日間で地球を一周する。
・ウェッデルアザラシは一時間近く息を止められる。
・クロマグロは太平洋の端から端まで横断し、また戻ってくる。
・グンカンドリは三日三晩着地することなくふわふわと舞い続ける。

え⁉　と目が点になるような結果ばかりである。野生動物の動きは、かくもダイナミック。

でも驚いてばかりはいられない。私たちは気を取り直して、学問をせねばならない。なぜ、このような究極ともいえる運動ができるのだろう。アホウドリといったってスズメやカラスと同じ鳥類である。なぜアホウドリだけが、たった四六日間で地球を一周することができるのか。アザラシといったって人と同じ哺乳類である。なぜアザラシだけが、生命の源である酸素の供給を一時間も断つことができるのか。そもそもなぜアホウドリやアザラシは、そんな無茶をしなくちゃならないのか。もっといえば、なぜ鳥は空を飛べるのか、なぜアザラシは海に潜れるのか――。

素朴な疑問はいくらでも湧いて出てくる。そしてその素朴な疑問の数々は、動物がどのように環境に適応し、進化してきたかという極めて本質的な問いである。だから本書では、それらの疑問についてじっくり考えていこう。

難しそう？　いやいや心配はご無用。アホウドリやアザラシやマグロの信じられない運動能力の背景にあるのは、重力やエネルギー保存則といったすこぶるシンプルな物理学である。それに代謝速度（すなわち動物の持ち前のエネルギー）などの生物学の基本原則をちょいと足すだけで、一見複雑怪奇に見える野生動物の行動パターンもすっきりと説明することができる。

つまり本書の狙いをひとことで表すのなら、

「バイオロギングの明らかにした野生動物のダイナミックな動きを紹介し、その背景にあるメカニズムや進化的な意義を明らかにすること」

こういう分野をなんていうのだろう。行動生態学？　動物行動学？　確かにそうには違いないが、漠然としすぎているし、堅苦しくもあるから、勝手に名付けてしまおう。

「ペンギン物理学」

ほら、すっきりした。

ところで、私が生物学者のくせに物理の重要性を強調するのには、深い理由がある。もう二〇年近くも前のことになるが、高校生だった私の心を捉えた科目は、生物学ではなく物理学、とりわけ物体の動きを科学する力学であった。野球ボールのフライの軌道と月の動きが同じ重力の法則で説明できてしまうこと、車の加速、減速にともなうエネルギーの変動が簡単な式に表せてしまうこと、それら諸々の力学の原則に目が開かれるような思いがした。どのくらいそうだったかといえば、それまで胸のうちにあった医者や料理人への夢はどこへやら消し飛んで、自分は工学の道に進むのだとあっさり心に定め、工学関係の大学学部を三つも四つも受験したくらいである（大学に入ってから理由あって生物学、その中でも生態学に路線変更した）。

なに、自分の好きなものを強調しているだけじゃないかって？　いや、そうではあるんだが、もう少し聞いてほしい。

生態学の研究に身を入れるようになってからは、もちろん生態学の専門書をたくさん読んで勉強した。個体数の変動を予測するモデル、生態系の中のエネルギー循環、環境への適応と動物の進化など。

そこでふと気付いたことがある。この考えは初めは、脳の隅っこに生じた塵のようなものであったが、考えれば考えるほどむくむくと大きくなり、どんどん巨大化して、あっという間に私の体全体を雲のように覆《おお》った。

生態学と物理学は、真逆の学問である。

生態学は多様性を重んじる学問である。多種多様な植物や動物が環境中に同居していることこそが自然の本質であり、だからそれをむやみに単純化することなく、正確に記述しなければならないとされる。

いっぽう物理学は普遍性を重んじる学問である。一見とりとめなく多様に見える事象の中から、できるだけシンプルで、できるだけ応用範囲の広い法則を導き出すことがゴールとされる。

じゃあ互いに反発し合うその二者を空の容器に入れて、ガラガラと振ったらどうなるか？　今までに誰も見たことのない、ダイナミックな学問ができるんじゃないか？

折しも私にはバイオロギングという空の容器があった。バイオロギングはただの手法であって、研究そのものではない。得られた動物のデータをどう解釈するかは、研究者各自の裁量にまかされる。

だったらその大きくて深い容器の中で、生態学と物理学を化学反応させてみよう――これこそが一〇年来変わらぬ私の研究スタイルであり、信念といえば信念でもあり、また本書の本当のテーマでもある。

さて、本書は動物の動きを「回遊」「潜水」「飛行」など五つのカテゴリーにわけ、各章に割り振ってストーリーを進めている。第三章だけは動物の動きではなく、バイオロギングの歴史に焦点を当てているので、違うといえば違うが、流れは同じである。たとえば第一章を読んでいただければ、動物たちがどのような回遊をしているのか、なぜそんなことができるのか、またなぜそんなことをする必要があるのか等、いわば回遊の本質みたいなものがイメージできてくるはずである。

本質——そう、いま本質といったけれど、本書の目的は動物の動きの本質をお伝えすることにあるので、図鑑のような網羅的な書き方はしていない。ざっくりとおおざっぱ、でもしっかりとした芯棒をつくること。だってそれさえできてしまえば、あとは応用がきく。本書に出てこないツバメやハクチョウの渡りの意味だって、本書を読み終えた後にはおおよそ摑めるはずである。

随所に私のフィールドワークの話がちりばめてある。これは読者の皆様に肩の力を抜いていただくと同時に、野生動物を調べる研究の現場の雰囲気を伝えることを意図している。電気や水すら思うように使えない大自然のフィールドで、動物の研究がいかにドタバタの行き当たりばったりで進んでいくのか、へえと思って読んでいただけたらと思う。

本書を通じて、バイオロギングの器の中で生態学と物理学とがぱちぱちと化学反応するさまを楽しんでいただき、さらに結果として生まれる新しい学問の形に興味をもっていただけたら、著者としてはとてもうれしく思う。

第一章

渡る

――ペンギンが解き明かした回遊の謎

「動物はどこに、何しに行くの？」

バードウォッチングは冬がいい。わさわさと茂っていた樹木がすっかり落葉し、枝の一本一本までを見通せるようになる。空がすかっと気持ちよく晴れ渡るのもいいし、トラップのように張り巡らされていたクモの巣も、うっとうしいくっつき虫も姿を消し、草むらをさくさくと快適に歩けるのもいい。だから私は冬の休日の朝、双眼鏡とカメラをリュックにつめたら、いそいそと自転車をこいで近所の探鳥地にでかける。

とはいえ私のバードウォッチャーとしての腕前は、悲しいくらいにビギナーである。上級レベルのバードウォッチャーの皆様がたは、日本中の鳥という鳥を知り尽くしておられるが、私にわかるのは東京多摩地区に見られる数十種が関の山。いや、ホームの多摩地区でさえ名前を思い出せないのがしばしばいて、「あれなんだっけ、あれ、文鳥みたいな、くちばしのりっぱな、ほらあれだよ、あれ」という具合になる（このとき思い出したかったのはシメという鳥です）。

でもいいんだ。私は私にとってのアイドル、ルリビタキさえ見られればそれでいい。ルリビタキほど愛らしい野鳥は、チベットの奥地にだってアマゾンの熱帯雨林にだっていないに違いない。ピンポン玉を丸呑みしたみたいな丸々とした体、大きな目、名前の通りの瑠璃色の背中に真っ白なお腹、そしてその境目にわずかにオレンジ色があしらわれたデザインの妙は、コシノジュンコそこのけの自然の奇跡だと思う。サービス精神が旺盛なのか、あるいはただ鈍感なだけなのか、大砲のようなカメラを構えた私が近づいても、まだヒヨヒヨと囀《さえず》りをやめないのも愛らしい。

けれども残念なことに、うちの近所でルリビタキに会えるのは、一年のうちの冬の数カ月だけである。ダウンジャケットがいらなくなり、のっぺらぼうの樹木から新芽がにょきにょきと生え始める季節になると、まるでいつの間にか忘れてしまった記憶みたいに、そっと姿を消す。次の冬に再び姿を現すまで、この鳥はいったいどこで、何をしているのだろう。

もちろん冬鳥はルリビタキだけではない。名前をいつも忘れるシメだって、まだら模様のツグミだって、冬の間は我が物顔で林をほとんど占拠しているのに、春の到来とともに自然といなくなる。夏の間、彼らはどこで何をしているのだろう。

逆に夏の間だけ見られる鳥の代表はツバメである。軒下に巣をかけて子育てをし、まめまめしく食べ物を運ぶ姿をほほえましく眺めていたはずなのに、ふと気付けばどこかへ消えてしまっている。彼らは冬の間、どこで何をしているのだろうか。

思うに鳥たちの季節的な渡りは、私たちが一番身近に実感する野生動物の不思議である。彼らはいったいどこに行って何をしているのだろう。そしてなぜそんなことをする必要があるのだろう。

鳥たちの渡りのパターンは古くから、おもに各地の目撃情報が口承されることによって輪郭が形成されてきた。「ツバメは冬は東南アジアに行くんだよ」とか「ハクチョウはシベリアから来るんだ」とかいうふうに。そして近年になると、IDナンバーを振った足環が日本全国の鳥たちに取り付けられ、その目撃情報が集計されることによって、移動のパターンが推測されてきた。

けれどもそのような断片情報の集積にはおのずと限界がある。鳥たちがいつ出発し、どのようなルートをたどって、どこにたどり着いたのか。地球上の季節の巡りや風のパターンとどう関係しているのか。そもそもなぜそのような移動をしなければならないのか。こうした根源的な問いに答えるためには、一羽一羽の鳥の移動を追跡するしかない。

海の動物たちはもっとわからない。マグロやサメ、クジラやアザラシ、それにウミガメなどの回遊はたまたま人が目撃して口承で伝わるということがない。彼らはどこを、どんなふうに、なんのために移動するのだろう。

なるほどマグロやカツオ、サケなどの水産業上の重要な魚種に限れば、地域ごとの漁獲量の季節的な変化から、だいたいの移動経路を推測することができる。それに鳥の足環と同じ発想で、IDナンバーを振ったタグを魚体に取り付けて放流し、再捕獲された場所から移動経路を構築する研究も広く行われている。

けれどもそれとて断片情報の集積であることに変わりはない。一匹一匹の魚の動きを、あるいは一頭一頭のクジラの移動を追跡できるわけではない。

そこで満を持して登場したのが、動物の体に小型の測位機器を取り付け、個々の動物たちの移動を追跡するバイオロギングの技術である。最新の電子デバイス技術と、動物たちの行動を動物自身に測らせるというコロンブスの卵的な発想によって、昆虫記のファーブルだって進化論のダーウィンだって思いもよらなかった調査ツールが誕生した。

のちのちの章で紹介する通り、移動の追跡だけがバイオロギングではない。けれども「動物はどこに、何しに行くの?」というシンプルな問いに答える動物追跡の技術こそ、バイオロギングの真骨頂だと私は思う。その証拠に、ここ一〇年くらいの間におびただしい種類の動物たちに測位機器が取り付けられてきた。そして動物たちの中には、まるで地球全体がぼくらの庭とでも言わんばかりのような、驚くべき大スケールの移動をしている種がいることもわかってきた。

そこで本章は渡りや回遊の物語。バイオロギングの明らかにした、動物たちの地球規模の大移動を概観し、そこにある共通のパターンや法則を探求していこう。大空を渡るアホウドリも大海原を回遊するマグロやクジラも、地球規模の食べ物の発生サイクルや風、海流のパターンを知悉《ちしつ》し、巧みに利用していることがわかってくるだろう。「動物はどこに、何しに行くの？」。シンプルだからこそ古くから人々の関心を引きつけてきた問いの答えは、もうかなりのところまで出ているのである。近所のルリビタキだって、予算さえあればバイオロギング調査をしたいのだが――。

ミズナギドリの終わらない夏

鳥はなぜ渡るのだろう。

この根源的な問いに、これ以上なくクリアな回答を与えてくれたのは、ハイイロミズナギドリというミズナギドリの一種から記録された一年間の飛行の軌跡である。ミズナギドリと言われて「ああ、あれね」とすぐ反応が返ってくるのは、バードウォッチャーの皆様を除けば漁師や船乗りのひとたち。私がかつて住んでいた岩手県大槌町でも、夏の時期に船に乗って海に出ると、海面すれすれをヒューッと猛スピードで滑空していくオオミズナギドリの姿が見られた。「水を薙《な》ぐように」飛ぶからミズナギドリ――はははあ、粋なネーミングだと感心したものである。

ハイイロミズナギドリはニュージーランドの夏鳥である。つまり夏の初めにどこからかニュージーランドにやってきて、卵を産んで雛を育て、秋の初めにはまたどこかへ去っていく。ニュージーランドで見られない時期に、どこをどう飛び回っているのかは、それまでは断片的な目撃情報しかなかった。

そこで二〇〇五年、カリフォルニア大学サンタクルーズ校のスコット・シェイファー研究員（当時）らは、子育て中のハイイロミズナギドリに記録計を取り付けた。そうして子育てを終えて飛び去っていった鳥たちが、翌年またニュージーランドに戻るまでの、約七カ月間にわたる移動を追った。

結果はダイナミックの一言だった。この鳥は南北一万キロにもわたる広大な太平洋の上に、巨大な8の字を描いていた。つまりニュージーランド（8の字の左下）から、まず、東に飛んで南米の沖（8の字の右下）。そこでしばらく過ごした後、太平洋を北西方向に飛んで、日本近海（8の字の左上）にたどり着く。そのあと北東に飛んで、アリューシャン列島付近（8の字の右上）にしばらく滞在したのち、最後に太平洋を一万キロも南下して、はるばるニュージーランド（8の字の左下）に戻っていた。

総飛行距離六万五〇〇〇キロ。地球一周は四万キロなので、この鳥は七カ月の間に地球を一周半以上していた計算になる。

どうしてそこまでするのだろうか。

この巨大なスケールの移動の結果、ハイイロミズナギドリは五月から九月にかけては北半球の中~高緯度海域（日本の太平洋沿岸やアリューシャン列島近くの海域）で過ごし、一〇月から四月にかけては南半球の中~高緯度海域（ニュージーランドや南米の沖）で暮らしている。

そう、一年中ずっと夏を過ごしている。

地球の北と南とにかかわらず、夏の中~高緯度海域は豊饒である。太陽をさんさんと浴びておびただしい植物プランクトンが発生し、それを食べるオキアミやカイアシ類などの動物プランクトンが増殖、さらにそれを食べる魚たち——ミズナギドリの大好物である——が大量に呼び込まれる。ミズナギドリたちはほぼ一年にわたり、そうした夏の大フィーバーの真ん中にいる。

ミズナギドリは信じられないような長距離飛行によって、巡りゆく季節の流れをストップさせ、「終わらない夏」を享受している。

でもなぜ軌跡は8の字を描くのだろうか。

地球の北と南とにかかわらず、中緯度海域は偏西風という東向きの卓越風が吹いており、低緯度海域は貿易風という西向きの風が強く吹いている。ミズナギドリたちは、そうした自然の乗り物をうまく乗りこなすことによって地球規模の渡りを完遂している。

つまりこういうことである。北半球でも南半球でも、中~高緯度海域では鳥たちは東向きの風に乗って東へ飛べばいい。赤道を越えて北上する折には、西向きの風に乗って北西方向に流されればいいし、逆に赤道を越えて南下する折には、同じ西向きの風に乗って南西方向に流されればいい。軌道をつなぎ合わせれば、ほら、8の字ができた。

ミズナギドリは地球規模の食べ物の発生サイクルだけでなく、地球規模の風の動きまでも知悉し、利用している。スケール大きすぎるよ、ハイイロミズナギドリ。でもそうだとすれば、一年目の雛はどうやって覚えるのだろう。ミズナギドリ同士の情報交換や教育はあるのだろうか。迷子になって死んでしまうケースもあるのだろうか。

次々に新しい疑問が湧いてくるけれど、今のところわかっているのはここまでである。

アホウドリの四六日間地球一周

ミズナギドリは南北方向に大移動することによって、季節の移り変わりを打ち消していた。いっぽうアホウドリの仲間はそれとは違い、東西方向への大スケールの飛行を敢行する。

アホウドリは美しい鳥である。海上で眺めると、グライダーのような細長い翼を左右いっぱいに広げて悠々と風に舞っている。しかもこのとき、ほとんど自分のエネルギーを消費することはなく、風と重力とエネルギー保存の法則だけを利用して飛行を続ける。おっと、そのメカニズムは第五章で紹介するのでここでは黙っておく。

ともあれアホウドリの滑空能力は鳥のなかでも断トツのナンバーワン。だったらさぞかし広大な範囲を飛び回っているのだろうと、古くから想像はされていたのだが、バイオロギングの登場する前は実証することができなかった。

南アメリカ大陸の最南端、パタゴニア。そこから東に二〇〇〇キロほど離れた沖合に、バード島という小さなイギリス領の島がある。かつての海洋大国、イギリスは今でも七つの海のそこかしこに海外領土をもっているが、バード島もその一つである。

鳥がたくさんいるからバード島——日本にも「鳥島」があるけれど、人々の居住の歴史のない遠隔地に見られるストレートな地名は、イギリスでも日本でも大差ないのが面白い。そういえば私がペンギンの調査のために訪れた南極の昭和基地の周りには、右島、左島という二つの島があって、もちろん右に見えるほうが右島、左に見えるほうが左島だった。

ともかくバード島はその名の通り鳥たちの楽園であり、おびただしいアホウドリや、ミズナギドリの仲間や、鵜や、ペンギンなどが繁殖している。

この島で一九九九年、イギリス南極調査局のジョン・クロクソル教授たちのグループは、ハイガシラアホウドリというアホウドリの一種に記録計を取り付けた。子育てを終えたアホウドリがバード島を去ってから再びバード島に戻ってくるまでの、約二年間にわたる飛行経路を調べるためである。

アホウドリの仲間は他の多くの鳥と違い、二年に一度しか子育てをしない。アホウドリは雛といったってアヒルくらい大きいので、雛が要求するだけの食べ物をせっせと運ぶのは、親鳥にとって肉体的な負担がひどく大きい。だから一年働いたら翌年は休憩という、二年のサイクルが自然に出来上がったと考えられている。

というわけで二年後にようやく記録計を取り付けた親鳥は無事にバード島に戻り、データが回収された。

結果はハイイロミズナギドリのそれほどわかりやすいものではなかった。あるアホウドリは二年間を通してバード島から二五〇〇キロ以内の海域にとどまっていたし、あるものは東に五〇〇〇キロほど飛んだインド洋で長い時間を過ごした後、バード島に引き返していた。

しかしあるアホウドリは引き返すことなく東に東に飛び続け、ついには地球をぐるりと一周して西から現れ、もとのバード島近くに戻っていた。最も速い場合には三万キロの道のりを、たった四六日間で飛びきっていた。四六日間地球一周旅行。

なぜこんなことができるのだろう。

アホウドリが西向きではなく東向きに地球を一周するのは、ミズナギドリと同じく偏西風にのっていることを示している。地球規模の風のパターンを知ることは、地球規模の渡りを完遂するための必要条件のようである。さらに第五章で説明するように、アホウドリは風という自然エネルギーをどんな鳥よりもうまく運動エネルギーに変換することができる。

なぜそれほどの大旅行を敢行するのだろうか。

東西にならどこまで飛んでも気候帯は変化しないので、季節の移ろいを打ち消すミズナギドリの南北移動とは本質的に意味が異なる。

それでも食べ物を探すという動機には違いはない。アホウドリの好物であるイカは、魚に比べて遊泳力が乏しいため、海流と海流の境目に群れる性質がある。そしてアホウドリの地球一周の経路は、南極周極流という、南極大陸をぐるりと取り囲んで東向きに流れる強い海流とぴたりと重なっていた。

それではなぜ、すべてのアホウドリが地球一周しないのだろう。飛行経路の幅広いバリエーションは何を意味するのだろう。

生態学の教えによれば、このような場合、たぶん種内での競争が起きている。つまりアホウドリ同士で食べ物をめぐる激しい争いがあり、絶好の狩場にありついている強者と、場末のやせ地に追いやられている弱者にわかれている。

空を飛ぶアホウドリや海中のサメ、あるいは陸上のライオンのような捕食動物は、生態系の頂点に君臨している。なるほど彼らには、天敵に捕まって食われる心配はほとんどない。でもだからといって毎日ぬくぬくと安心して暮らせるかというと、そうはいかないのが自然の摂理である。最大の競争相手が往々にして同種の他人だというのは、人間の社会にも当てはまる、生態学の最も重要な教えのひとつかもしれない。

クロマグロの太平洋横断

鳥たちがすごいのは、よくわかった。

でも鳥は空を高速で飛ぶのだから、それはまあ長距離を移動できるだろう。海の中では魚やクジラなど、海を泳ぐ動物はどうだろう。海を泳ぐスピードは、空を飛ぶスピードに比べてはるかに遅いはずだから、鳥たちが見せるような地球規模の移動は魚やクジラにはできないのだろうか。

この予想はおおざっぱにいえば正しい。水中では水の抵抗が大きいので、魚やクジラの泳ぐスピードは、鳥の飛ぶスピードよりも一桁は遅い。そしてスピードが遅ければそのぶん、移動のスケールも小さくならざるを得ない。

ところがごく一部の魚だけは渡り鳥にも負けない大スケールの移動を見せる。その代表例がマグロ、とりわけ日本人の大好きなクロマグロである。

ホンマグロという呼び名で市場に出回っているクロマグロは、正確にいえば太平洋にいるクロマグロ（種名としてのクロマグロ）と大西洋にいるタイセイヨウクロマグロの二種にわかれる。ただし両者は姿かたちも生理生態も、そしてダイナミックな移動パターンさえもよく似ている。以下に紹介するのは、青森県の大間など日本近海でも漁獲される太平洋のクロマグロの話。

太平洋のクロマグロの仔魚が卵からかえるのは、沖縄や台湾周辺の温かい海である。生まれたばかりの仔魚は黒潮という、日本の太平洋沿岸を北上する強い海流にのり、プランクトンを食べてすくすくと成長する。ここまではバイオロギングの始まる以前から、ネット採集調査によってわかっていた。

ところがマグロが成長して黒潮からちりぢりに散っていく段階になると、もうネット採集ではお手上げだ。どこをどういうふうに泳ぎ回るのか、ちっともわからなくなってしまう。よってここからはバイオロギングの出番である。

バイオロギングの調査結果によれば、黒潮の中で成長したマグロたちはある日突然、決意を固めたかのように生まれ故郷を離れ、東に東にと泳ぎ始める。そして数カ月かけて八〇〇〇キロも離れた太平洋の向こう岸、アメリカはカリフォルニア州の沿岸にたどり着く。

その後数年間はカリフォルニアの海に落ち着いて、多くの沿岸の魚がそうしているように、夏には北上、冬には南下という、季節的な水温変化に合わせた小スケールの南北移動をするようになる。

けれどもまたあるとき、思いついたようにカリフォルニアの海と決別し、西へ西へと泳ぎ始め、ついには日本近海に戻ってくる。大間で水揚げされるような体重一〇〇キロ以上の大きなクロマグロはたいてい、日本の近海で生まれ育ってアメリカ留学を経験した、インターナショナルなクロマグロである。

東から西へ、西から東へ。太平洋横断といえば、毎年大勢の冒険家がヨットで挑戦する海洋ロマンである。そのような大航海をマグロたちは何食わぬ顔で黙々とこなしている。

そういえば二〇一二年、アメリカのカリフォルニア沖で漁獲されたクロマグロから、福島第一原発の事故に由来する放射性物質が高い濃度で検出されたというニュースがあった。こんなことが起こるのも、すべてはクロマグロの太平洋横断の結果である。

繰り返すけれど、マグロの回遊の規模は魚類として並外れて大きい。たとえば日本近海のサンマは、季節的な水温の変化に合わせて南北に移動していることが知られ、夏には北海道沿岸まで北上し、冬には伊豆諸島あたりまで南下する。しかしそのようなサンマの回遊も、距離を計測してみれば片道せいぜい一五〇〇キロに過ぎず、八〇〇〇キロを横断するマグロの比ではない。

ではなぜマグロだけが、それほど大規模な回遊を成し遂げられるのだろうか？

ここからは少し、私自身の研究の話になる。

マグロは速い

私が興味を持ってすすめているいくつかの研究テーマのうちの一つに、海の動物はどれくらいの速さで泳ぐのか、というものがある。詳細は第二章でお話ししたいと思うが、ともかくそんな素朴な疑問がじつはほとんどわかっていない。なかでも遊泳スピードの背景にある物理メカニズムや生物の進化というテーマには、手つかずの不思議な謎がたくさん残されている。

だから私はもっか、バイオロギングで測定された様々な魚の平均的な遊泳スピードを比較する研究をすすめている。データには私自身による計測値も入っているし、文献から見つけた値も入っている。それはどちらでも構わない。

そのように集めたデータによれば、体重二五〇キロの大きなクロマグロは平均時速七キロで泳ぐ。時速七キロというと、一見大した速度ではなさそうだが、流体抵抗の重くのしかかる水中では、大変な高速といっていい。実際、この値は『ジョーズ』で有名なホホジロザメと並び、あらゆる魚類の中で最速の記録であった。比較のために、私自身がハワイの海で計測したイタチザメ（大きくて獰猛なサメである）を例に挙げれば、その平均遊泳スピードはわずか時速二・五キロであった。

なぜマグロとホホジロザメだけが速く泳げるのだろうか。

ホホジロザメはひとまず置いておく。でもまたすぐに戻ってくる。

マグロという魚は、他のあまたの魚類とは根本的に異なる生理的な特徴をひとつもっている。

体温が高いのである。種やサイズにもよるが、マグロ類はまわりの水温よりも一〇度ほど高い体温を常に保っている。血管や筋肉の配置が特殊化しており、尾びれの往復運動によって発生した熱を体内にため込むことができるからである。

魚類は変温動物であり、体温は周りの水温と常に等しいというのが一般的な常識である。けれども中にはマグロのような常識外れの魚がいることを覚えておこう。

ともあれ体温が高ければ筋肉の活性が上がるので、マグロは尾びれをすばやく振り続けることができる。尾びれの振りの速さはそのまま遊泳スピードに直結するので、マグロは他の魚に比べて速く、持続的に泳ぐことができる。

そして速く泳ぐことができれば、途方もない長距離の回遊も限られた時間内に成し遂げることができる。たとえば東西に八〇〇〇キロも広がる太平洋を、もしも時速二・五キロのイタチザメが横断しようとすれば、片道一三三日もかかる計算になる。いっぽう時速七キロのマグロなら、わずか四八日でそれができる。ただし実際の魚は矢のように直進するのではなく、水平的にも鉛直的にもうろうろするので、それよりはずっと長くかかる。

かくしてマグロの太平洋横断を可能にしているのは、魚類としては極めて異例な高い体温であった。

では最後に、なぜマグロは太平洋を横断するのだろうか。

アホウドリのところでも説明した通り、地球を東西にいくら動いても気候帯は変わらないので、季節の巡りを和らげる南北移動のような効果は期待できない。

しかもアホウドリの地球一周と違い、食べ物を追い求める動きでもなさそうである。マグロがいい狩場を求めるのなら、黒潮と親潮のぶつかる日本の太平洋沿岸か、カリフォルニア海流の流れるカリフォルニア沿岸のどちらかにずっと留まったほうがよさそうに思える。

だからクロマグロがなぜ太平洋を横断するのかはよくわかっていない。不思議なことに、大西洋に暮らすタイセイヨウクロマグロも同じように何カ月もかけて大西洋を横断する。

ホホジロザメの一〇〇日間インド洋横断

マグロはすごい、という話であった。

けれどマグロに対抗しうる強力な魚のグループが、一つだけいる。映画『ジョーズ』で有名なホホジロザメを含む、ネズミザメ目のサメたちである。

サメの中でもホホジロザメは「これぞサメ」という悪役面をもち、魚だけでなく海鳥やウミガメ、アザラシに至るまで何でも襲って食べる海のギャングだ。映画『ジョーズ』には相当の誇張が入っているにせよ、世界でいちばん危険な魚であることは間違いない。

ホホジロザメは極域以外の世界中の海に出没し、日本でもダイバーが襲われた例がわずかながらある。しかしこのサメが高い確率で見られる場所となると、南アフリカ、オーストラリア、それにアメリカ西海岸などのエリアに絞られる。

二〇〇二年から二〇〇三年にかけ、そのうちの一つ、南アフリカのケープタウン沖にてホホジロザメに記録計が取り付けられた。

それによると、多くのホホジロザメは大規模な回遊は見せず、アフリカ大陸に沿ってうろうろしただけだった。

ところがあるオスのホホジロザメだけは驚いたことに、南アフリカ沖を出発して東へ東へとまっすぐに泳ぎ始めた。地図を広げてみるとよくわかるが、南アフリカの東側には広大なインド洋がただ茫々と広がっている。その真っただ中をホホジロザメは一〇〇日間にわたって直進し、ついには一万キロ以上も離れたインド洋の対岸、オーストラリア大陸にたどり着いた。それだけではなく、このサメはしばらくオーストラリアの西海岸に滞在した後、来た道を逆方向にたどってインド洋を再び横断し、南アフリカまで戻ってきた。

往復で二万キロ。北極点から南極点までの距離に相当する途方もない航海である。これほど大規模な移動が海を泳ぐ動物から記録された例は、私の知る限り他にない。

これより少し規模は劣るが、アメリカ西海岸、カリフォルニア沖のホホジロザメからもダイナミックな往復旅行が報告されている。こちらのサメはカリフォルニアから太平洋を西へと進み、一カ月ほどかけて四〇〇〇キロ離れたハワイの沖までたどり着いた。そして現地にしばらく滞在した後、航路を引き返し、また四〇〇〇キロ泳いでカリフォルニア沖に帰っていった。東京－シドニー間の距離に相当する、計八〇〇〇キロの大航海である。

どうしてこんなことができるのだろうか。

意外なことに、理由はマグロと同じである。ネズミザメ目のサメも、マグロのように体温を高く保つ特殊な生理機構を備えており、そのために速く、遠くまで泳ぐことができる。

マグロとサメが珍しい特徴を共有するところに進化の面白さがある。硬骨魚類（マグロを含むいわゆる普通の魚たち）と軟骨魚類（サメやエイの仲間）ははるか四億年も前に枝分かれしており、分類学的にいえば綱《こう》のレベルで違うから、ヒトとシジュウカラほども離れた遠い遠い関係だと言える。それにもかかわらず、硬骨魚類の中ではマグロだけが、軟骨魚類の中ではネズミザメ目だけが、高い体温という共通の生理機構を進化させた。

途方もない時間をかけて別々の進化の道を歩んでいた二者が、気付けば同じ姿かたちになっていたり、同じ複雑な生理学的特徴を有していたりすることがあり、「進化の収斂《しゅうれん》」と呼ばれる。そこにはいわば、生物進化という幾万年がかりの実験が解き明かした、生存競争に勝ち抜くための最適解を見ることができる。

マグロとネズミザメ目のサメ。彼らにとっての共通の最適解は、体温を高く保つことによって速く泳ぎ、それによって他の魚よりも速く、なおかつ広い範囲を回遊することであった。

ザトウクジラの半球内季節移動

マグロやホホジロザメなど、高い体温を保つことのできる例外的な魚類が、例外的に広範囲を回遊することがわかった。それならば、恒温動物であるクジラのような哺乳類も同じくらい広範囲を泳ぎ回るのだろうか。回遊のパターンを紹介する最後の例として、クジラを見ておこう。

バイオロギングの調査がなされたクジラのうち、最もダイナミックな動きを見せたのはザトウクジラである。

ザトウクジラはイボイボのついた長い胸びれが特徴の大きなヒゲクジラ。あのイボイボは飛行機の翼に取り付けられる整流装置のような、流体力学的な機能があるという話もある。

二〇〇三年から二〇一〇年にかけて、ブラジルの沖を泳いでいた計一六頭のザトウクジラに記録計が取り付けられた。

記録によれば、ザトウクジラたちは九月頃にブラジルの沖を発ち、数カ月間にわたってずんずんと南下し、ついには六〇〇〇キロ以上離れた南極海に到達していた。南極海に着いたのは一一月。北半球では太陽がつるべ落としに沈み、季節が一直線に冬に向かっていく時期であるが、どっこい南半球はその反対、今からが夏の真っ盛りである。

夏の南極海ではさんさんと降り注ぐ太陽光のもとで植物プランクトンが大増殖し、それを食べるおびただしい数の動物プランクトンや魚が呼び込まれる。なかでもナンキョクオキアミというオキアミは、単一の動物種として古今無双の大量発生をすることが知られており、その資源量は四億トンとも推定されている。ザトウクジラは巨大な口をガバッと開け、オキアミを海水ごと大量に口に含んで、ヒゲの隙間から海水だけを排出する。それを幾度となく繰り返して膨大なカロリーを摂取し、分厚い皮下脂肪を蓄える。

移動の記録は残念ながら南極海で途切れてしまっていた。けれども翌冬にはブラジル周辺の海で出産、子育てをするザトウクジラの姿が目撃されたから、夏の終わりとともに南極海を離れ、ブラジル沖に戻って行ったのだろう。

つまりザトウクジラは、夏には食べ物の豊富な極地の海で栄養を蓄え、冬には低緯度の温かい海で子どもを育てるという季節的なサイクルをまわしている。ザトウクジラのメスは毎年出産するわけではないが、出産をしない年も、だいたい同じような移動パターンを見せる。

ところで南半球の冬の間、ザトウクジラが豊かな夏の北半球の高緯度海域まで北上しないのはなぜだろう。ミズナギドリのような「終わらない夏」方式を採用して、食べ物の大フィーバーの中にいないのはなぜだろう。

思うにそこに海を泳ぐ魚やクジラと、空を飛ぶ鳥との決定的な違いが表れている。海を泳ぐ魚やクジラの平均スピードは時速八キロがせいぜいだが、空を飛ぶ鳥たちの平均スピードは、時速四〇キロ以上にもなる。少なく見積もっても、移動のスピードには五倍の開きがある。

地球の端から端まで、二万キロをまっすぐ移動することを考えてみよう。鳥の飛行速度なら二一日間でそれが達成できるが、魚やクジラの遊泳速度では一〇四日もかかる計算になる。そして片道に一〇四日もかかっていたのでは、それを一年間のサイクルとしてまわすことは、とてもできそうにない。

かくしてザトウクジラは「終わらない夏」方式を採用することはなく、半球内を季節に合わせて南北に移動している。

どうやって測定?

これまで鳥、魚、クジラによる地球規模の渡りや回遊を概観し、背景にある動機やメカニズムを見てきた。

これらの移動パターンはどのように測定されたのだろうか。

私たちにとってなじみの深い測位機器の筆頭はGPSだろう。けれどもGPSを大回遊する動物にそのまま取り付ければいいかというと、残念ながらそうではない。まず、GPSは機器本体を回収しなければデータが得られない。それにGPSは消費電力が大きいため、長期間の記録が困難である。さらにGPSは水中ではまるきり機能しない。

だからバイオロギングでは、ＧＰＳとは異なる独自の測位機器がいくつも開発され、用途に合わせて使い分けられている。コロンブスやマゼランの活躍した大航海時代さながらの、シンプルな天測を用いた機器もあるし、現代的な人工衛星を使ったシステムもある。

道具を知ることは科学を知ること。ここから少し、バイオロギングで使われているおもな三種の測位機器の原理を紹介し、それぞれのメリット、デメリットについて考えてみよう。

アルゴス——最もメジャーな動物追跡システム

バイオロギングで最もよく使われているのは、アルゴスと呼ばれる、人工衛星を使った動物追跡システムである。

使い方は簡単この上なし。アルゴス送信機と呼ばれる機器を動物の体に取り付け、野外に放すだけである。ただしアルゴス送信機は電波を使うので、アザラシだったら頭の上とか、サメだったら背びれとか、少なくともたまには水面に出てくる部位に取り付けなければならない。そしてそのあとウェブサイトにアクセスすれば、動物がいつ、どこにいたのか、位置情報がずらりと一覧できる。半世紀前の生態学者にとっては夢のような手法が今現実に確立され、世界中で使われている。

測位の原理はこうである。動物に取り付けられたアルゴス送信機は定期的に上空に電波を発信し、地球の周りをぐるぐると回る人工衛星に受信されるのを待つ。人工衛星は全部で七基、それぞれが違う軌道を描きながら地球の周りを回っている。だから動物が地球上のどこにいたとしても、すぐにいずれかの人工衛星が電波を受信する。

高速で移動する人工衛星が受信する電波の周波数は、ドップラー効果により、発信された電波の周波数からずれている。救急車が遠くからこちらに近づいてくるとき、サイレン音は初め高く聞こえるが、目の前を通過した瞬間から奇妙に低く聞こえるのと同じ現象である。つまり地平線から現れた人工衛星が初めて受信する周波数は、プラス方向に大きくずれており、動物に近づくにつれ、プラスのずれはだんだん小さくなる。そして動物に最接近した瞬間にずれはゼロになり、その後人工衛星が動物から遠ざかるにつれ、マイナス方向のずれが膨らんでいく。

周波数のずれがプラスからマイナスに転じるドップラー効果のカーブの形状は、じつは動物の位置と一対一で対応している。だからアルゴスの測位システムでは、人工衛星が計測したカーブの形状をもとに動物の位置が計算される。

この測位方式は精度がそれほど高くない。人工衛星が電波をとらえた頻度や角度などの諸条件によるが、おしなべて一キロ程度のエラーが生じる。もっともその程度のエラーであれば、たいていの動物の渡りや回遊の追跡には問題はない。

ところでGPSはこれと似て非なるシステムである。GPSはドップラー効果ではなく、GPS本体と人工衛星との距離を電波で測定することによって、しかも同時に複数の人工衛星と交信することによって、測位している。原理的には三機の人工衛星と交信できれば、三次元的な地球上の位置（緯度、経度、高度）を算出できるが、実際にはもっと多くの人工衛星と交信することで、精度を格段に高めている。GPSの測位結果が一〇メートルと狂わないのは、カーナビでもスマートフォンでも、ご案内の通りである。

ではなぜ、バイオロギングは正確無比のGPSでなく、敢えてエラーの大きいアルゴスを使うのだろうか。

アルゴスの測位システムでは、測位の結果を知るのは送信機側（動物側）ではなく、人工衛星側である。より正確にいうなら、人工衛星が受け取り、地上のコンピュータに転送されたドップラー効果の情報をもとに、位置が計算される。だからインターネットを通して測位の結果を研究者に届けることはいともたやすい。

いっぽうGPSでは、人工衛星との距離の情報を受け取って位置を計算するのは、GPS本体である。だからGPSを動物に取り付けたとすれば、その結果は内部メモリーに保存するしかないので、機器を回収しなければデータは得られない。

アルゴスが優れているのは、動物の現在位置を測位するのみならず、得られた結果をインターネット経由で研究者に届けるまでがパッケージ化されている点にある。機器を回収する必要がないから、応用範囲が広く、いろいろな種類の動物を追跡できる。それなら——と誰かが言うかもしれない。GPSとアルゴスを組み合わせれば、より優れた測位システムができないか。GPSから得られた正確無比なる位置情報を、アルゴスの通信システムを使って研究者のもとに送り届けたらどうか。

その通りである。実際、そのようなシステムは最近ちらほらと使われ始めている。近い将来、アルゴスにとってかわって主流になるのは、GPSとアルゴスとのハイブリッドである「GPSアルゴス」だろう。

ジオロケーター——親指の先サイズの革命的記録計

アルゴス送信機は電波を発信するので、ある程度大きな電池を内蔵せねばならず、小型化には限界がある。現在手に入る最小サイズのアルゴス送信機でも、チョコレートバーを半分に折ったくらいの大きさがあり、アザラシやクジラなどの海生哺乳類やサギなどの大型の鳥類に取り付けるのには問題がないが、小型〜中型の鳥には厳しい。これはとっても悔しいことである。身近な鳥の渡りのパターンこそ、私たちがいちばん知りたい情報だというのに。

そこで鳥の渡りの追跡に特化した、ジオロケータと呼ばれる超小型の記録計が開発された。地理（Geo）を測位するもの（locator）と名付けられたこの機器は、親指の先くらいのサイズで、重さはわずかに三グラム程度。これを鳥の足環に取り付けるだけで、一年間以上にもわたる鳥の渡りが追跡できるのだから、革命的ともいえる発明品である。本章で紹介したミズナギドリやアホウドリの移動パターンは、いずれもジオロケータの輝かしい成果である。

ジオロケータは数分に一回程度、周りの明るさ（照度）を記録する。測位に使うパラメータはそれだけ。ジオロケータが小型化できるのも、そのわりに長もちするのも、電波を発信したりせず、ただ黙々と照度を記録していくだけだからである。そして一年間の照度の記録から、一年間の鳥の移動経路を算出することができる。

照度から移動経路がわかる。これは狐につままれたような、でも言われてみればごく簡単な、大航海時代の船乗りも使った天測である。

一日のうちの照度の変化に注目すれば、照度が急に上がった日の出の時刻と、照度が急に下がった日の入りの時刻がわかる。そして日の出の時刻と日の入りの時刻がわかれば、その日の昼間の長さがわかる。さらに日の出と日の入りの真ん中をとれば、南中の時刻もわかる。必要なのは昼間の長さと南中の時刻。さあ、これで測位の準備は早くも完了。

地球スケールで見たとき、昼間の長さは緯度（南北方向）によって変化する。夏の間は緯度が高くなるほど昼は長くなるし、逆に冬の間は、緯度が高くなるほど昼は短くなる。だから昼の長さがわかれば、おおざっぱな緯度を推定することができる。

次に南中の時刻。再び地球スケールで見たとき、南中の時刻は経度（東西方向）によって変わる。たとえば東京とロンドンとでは九時間の時差があるから、南中の時刻もだいたい九時間ずれている。だから南中の時刻がわかれば、ざっくりとした経度を推定することができる。

このようにして照度の記録から、地球上のだいたいの緯度、経度を推定するのがジオロケータの測位システムである。シンプルこのうえなし。

ただし測位の原理からも想像できるように、ジオロケータから得られる位置情報は精度がひどく悪い。GPSは言うに及ばず、アルゴスよりもさらに悪く、条件にもよるが二〇〇キロ程度の誤差が生じる。

さらに言えば春分、秋分の問題がある。一年のうちでもこの両日だけは、地球上のどこにいようと昼間はきっかり一二時間、夜もきっかり一二時間。だからこの両日の前後二週間くらいは、ジオロケータはまるで機能しない。一年の暦のなかで春分と秋分を毛嫌いするのは、渡り鳥の研究者くらいだろう。

つまりジオロケータは海を渡り、山を越え、砂漠を縦断するような大スケールの鳥の渡りを巨視的にとらえたいとき、そういうときにのみ無類の利便性を発揮する。

ポップアップタグ―魚のためのスマート機器

というわけでアルゴスとジオロケータさえあれば、たいていの潜水動物（アザラシやクジラ、ウミガメなど）と渡り鳥は追跡することができる。

だけど魚は無理である。魚の追跡の難しさは潜水動物や渡り鳥の比ではない。まず根本的に、電波は水中を通らないから、アルゴスの測位システムはまるきり使えない。それにジオロケータを使おうにも、魚は鳥と違って毎年同じ巣に戻ってくる習性がないので、機器を回収することができない。

では前述のマグロやホホジロザメの回遊は、どうやって追跡されたのだろうか。魚の追跡のために開発されたのがポップアップタグである。ポップアップとは「ぽんと飛び出る」というほどの意味で、その名の通り、この記録計は魚体にしばらく装着されたあと、ぽんと切り離されて水面に浮かんでくる。

ポップアップタグは次のように機能する。魚体に装着されている間は、深度や水温などの基礎的なパラメータに加えて、照度を記録し続ける。照度はジオロケータと同じ原理に基づいて、おおざっぱな測位を行うためである。そしてあらかじめ設定した切り離し日時（普通放流から数カ月～一年後くらいに設定する）がくると、魚体から切り離され、水面に浮かんでアルゴスの人工衛星にデータを送り始める。その際、それまでに記録したデータを送るだけでなく、ドップラー効果を利用したアルゴスの測位システムを使って現在の位置を推定する。

かくして研究者は自分が放流した魚について、（一）放流地点、（二）ポップアップタグが切り離されて浮いてきた地点、（三）その間の区間のジオロケータ方式による位置推定、の三種類の情報を手にすることになる。（一）はとても正確、（二）はまあまあ正確、（三）はひどくおおざっぱ。精度の違いを考慮しながら三種類の情報を滑らかな曲線で結べば、放流した魚の移動軌跡ができあがる。

ひらたく言えばポップアップタグは、アルゴスとジオロケータのハイブリッドである。電波の届かない水中でも機能するし、機器を回収しなくてもデータを得ることができる。

ただし問題は、ジオロケータ方式による位置推定を水中で試みる点にある。前述のようにジオロケータの位置推定は、照度から推定した日の出、日の入りの時刻をもとにしている。けれども海中で魚が経験する照度は、日の出、日の入りとはもっぱら関係なく、深度や水の透明度によっても大きく変わってしまう。したがってただでさえ粗いジオロケータの測位の精度が、さらに輪をかけて粗くなる。生データをそのまま地図上にプロットしようものなら、マグロが山を登ったり、サメが瞬間ワープしたりしてしまう。

この問題は魚類研究者をひどく悩ませており、なんとか少しでも改善しようと、いろいろな方法が提案されている。海水温の情報を使って補正したり、動物の意思決定をモデル化してそれに背くような値を省いたりする方法がよく使われている。

繰り返すけれど、電波の届かない海中での測位はたいへんに難しい。軍事用の潜水艦でさえしばしば浮上し、あるいはアンテナだけでも水上に伸ばし、GPSによる位置確認をする。ポップアップタグはたいへんに困難な問題を、なんとかクリアしようともがいている苦心の作といえる。

加えてポップアップタグの難点は、電波発信のための電源を確保せねばならず、また海面に浮かぶための浮きも必要なので、小型化が難しい点にある。現在の最小モデルでも小さめのニンジンくらいの大きさがあるので、回遊経路がとても気になるあの魚には残念ながら取り付けられない。

それはニホンウナギ。

ニホンウナギは日本の河川で成長するが、大きくなると産卵のためにどこかへ消えてしまう。近年になって日本大学の塚本勝巳教授の調査により、産卵場所はグアムの沖合の海であることが突き止められた。けれども日本から二五〇〇キロも離れたグアムの海まで、ニホンウナギがどんな経路を通って、どんな海流にのって、どのくらいの時間をかけてたどり着くのかはまだ全然わかっていない。
近い将来ポップアップタグの小型化が進み、ニホンウナギのグアム旅行が記録されることを私は楽しみにしている。

「動物はどこに行くのか」——このシンプルな問いに答えるため、様々な原理に基づいた測位システムと、データを回収するための実際的な手法が模索されてきたことがおわかりいただけただろうか。ひとことで動物といっても、飛ぶのか、泳ぐのか、走るのか、あるいは再捕獲が可能か否か、体の大きさはどれくらいか、などによって、適用可能なシステムは異なる。これ一つあればいいという万能の追跡機器は今までだって存在しなかったし、これからもできないだろう。

でも、そこにこそバイオロギングの面白さがあるともいえる。科学技術の発展にともなって生まれた新しいセンサー、人工衛星、新しい可能性。しかし同時に見えてきた小型化の限界、精度の限界、記録時間の限界。そして現実的に、動物へどう取り付け、どう回収するかという問題。それらのはざまで工夫を繰り返しながら、バイオロギングは少しずつ前進していく。

回遊パターンの法則

ここで本章で見てきたことをまとめてみよう。

野生動物の渡りや回遊のパターンからは、大まかに三つのことが言えそうである。

第一に、鳥はもちろんのこと、マグロやサメなどの魚類からクジラなどの哺乳類に至るまで、じつに多彩な動物たちが、片道五〇〇〇キロから一万キロにも及ぶ地球規模の大移動をしている。そしてその折には、地球規模で見たときの風の流れ、海の流れにうまくのっている。たとえば空を飛ぶ鳥の場合、地球の中~高緯度海域では偏西風に乗って東に飛ぶし、低緯度海域では貿易風に乗って西に飛ぶ。

第二に、動物たちが見せる大移動のうち、地球を南北に移動するパターンの多くは、季節的な食べ物の発生サイクルに合わせたものである。なかんずく重要なのは、夏の高緯度海域（北極、南極およびその周辺の海）におけるオキアミや魚などの大量発生である。

ミズナギドリなど飛翔能力の卓越した一部の鳥は、北と南の両高緯度海域を季節に合わせて往復することで「終わらない夏」を享受することができる。いっぽう泳いで移動する魚やクジラたちは、移動に時間をとられるために、両半球の高緯度海域を季節的に往復することはかなわない。その代わり、夏の期間を高緯度海域、冬の期間を同じ半球の低緯度海域で過ごすという半球内の南北移動が見られる。

第三に、太平洋、大西洋、インド洋のいずれの海でも、泳いで横断する猛者がいる。

そしてそのような猛者は、魚なのに高い体温を保つという特殊な生理機構を備えたマグロ類とネズミザメ目のサメである。彼らは高い体温のために他の魚よりも速く泳ぐことができ、そのため他の魚ではなしえない大規模の回遊をすることができる。ただし地球を東西に移動しても、同じ気候帯の別の場所に着くだけなので、その適応的な意義はよくわからない。

動物の渡りや回遊を追跡するためのバイオロギング機器には、代表的なものが三種類ある。

一つ目は人工衛星に電波を飛ばし、ドップラー効果によって測位するアルゴスシステム。最も汎用性の高い測位システムであり、幅広い動物に応用されている。二つ目は渡り鳥の移動追跡に特化したジオロケータ。一年間にわたる照度を記録し、天測の原理を使っておおざっぱに測位をする。三つ目は魚の追跡に特化したポップアップタグ。あらかじめ設定した日時に魚体から切り離されて水面に浮かび、人工衛星にデータを送るアルゴスとジオロケータのハイブリッドである。

それでは本章の最後に、今まで見てきたことの応用編。私が実際にジオロケータを使って回遊のパターンを明らかにした例を紹介して、動物の回遊の研究がどのように進んでいくかを見てみよう。

ここで南極のアデリーペンギンに登場していただく。

南極のアデリーペンギン

私は二〇一〇年から二〇一一年にかけてのシーズンと、二〇一一年から二〇一二年にかけてのシーズンの二季連続で、日本南極地域観測隊に参加した。越冬隊ではない夏隊とはいえ、日本を発ってから帰国するまで四カ月間もかかる長丁場である。あまたある日本の組織の中でも、地球の裏側への長期出張がもれなく付いてくる職場はわが国立極地研究所くらいだろう。

南極行きの目的はアデリーペンギンの生態調査である。もう少し具体的にいえば、主に二つの目的があった。

一つ目の目的は、子育て中のペンギンに最新型のビデオカメラと記録計を束ねて取り付け、ペンギンが海の中で獲物を捕る様子を観察することであった。ペンギンの胃の中身を調べた過去の調査により、ペンギンがオキアミや魚を捕って食べていることはわかっていた。けれどもペンギンがそれらの獲物をどこで、どうやって、どのくらい捕っているのかは、ほとんどわかっていなかった。

そしていま一つの目的は、シーズンの終わりにペンギンにジオロケータを装着し、一年間つけっ放しにして翌シーズンに回収することにより、ペンギンの一年間の回遊経路を明らかにすることであった。

南極、昭和基地周辺のアデリーペンギンは、毎年一一月の初め頃、どこからともなくわらわらと集まってきて、巣作りを始める。そして慌ただしく卵を産んで雛を育て上げると、二月の中頃には、忽然とどこかへ消えてしまう。それ以外の時期にペンギンたちがどこに行っているのかは、それまでまったくわかっていなかった。

そのような二つの目的をもって、私は人生初めてのペンギンの調査に参加することになった。

南極のフィールドワークはもちろん楽しみである。

でも正直に告白すると、私はあの頃ペンギンという鳥に対して特別な関心を抱いてはいなかった。こんなことを言えば世のペンギン好きからゴウゴウたる非難を浴びそうだが、ペンギンには興味はないが極地研究所の職員として与えられた義務をこなす、どちらかといえばそういう意識が強かった。

というのもバードウォッチャーである私に言わせてもらえば、鳥の魅力は一にも二にも空を飛ぶことにある。ミサゴが美しいのは、進化の結晶のような大きな翼をバサバサと羽ばたいて、いかにも悠々という感じで空高く舞い上がるからである。それに鳥の飛行は美しいだけでなく、不思議でもある。第五章で説明するように、私は当時も今も鳥の飛行の進化やメカニズムに深い関心をもっている。

空を飛ばない鳥なんてコシのない讃岐うどんのようなもの、とさえ私は思っていた。そう、南極で野生のペンギンをこの目で見るまでは——。

ペンギン列車あらわる

観測船「しらせ」は真っ白な氷に覆われた南極の海の上を、時速一〇〇メートルという信じ難いスローペースで昭和基地に向かって進んでいた。勢いよく前進して二〇メートルくらい氷を割ったかと思えば、一〇〇メートルもバックして、また勢いをつけて前進する。一往復に二〇分もかかるこの砕氷航行を、明けても暮れても繰り返している。

私はといえば現地に着くまですることもないので、二四時間休み時間。船内でのパソコン作業や読書にも飽き、甲板に出てぼうっと景色を眺めることが多かった。あたりは見渡す限りの大氷原と、薄い雲の広がった灰色の空。海氷のところどころに巨大な氷山が、一〇〇年前からそこにあったかのようにがっちりと閉じ込められている。痛いくらいに冷たい風が、ぐうたら生活に慣れてしまった身には妙に心地よい。

ふと気付けば、遠くのほうで黒い点がいくつか動いているのが見える。「おや」と思って目を凝らすと、それは氷原の向こうから、あるいは氷山の裏側からわらわらと湧いて出てきて、いつの間にか参勤交代の武士行列のような隊列を組んで、こちらに向かってくる。アデリーペンギンだ！

私はあわてて船室にダッシュしてカメラと双眼鏡をひっつかみ、甲板に駆け戻ってきた。そうしているわずかな間にもペンギンの数は増え、隊列は整然さを増していた。ドキドキしながらカメラを構え、ファインダー越しに眺めていると、あるペンギンはてくてくと歩き、またあるペンギンは腹ばいになって滑りながら、隊列の幅が少しずつ狭まっていき、しまいには列車のように一本の直線になった。

ペンギンの列車は、時間が止まったような巨大な氷山を背景にして、するすると私の目の前を横切り、あれよあれよという間に遠ざかって、やがては氷原のかなたに消えていった。

私が無類のペンギンファンになったのは、じつにあの瞬間だったと思う。

袋浦という世界の果て

二〇一〇年一二月二三日、私と高橋晃周《あきのり》さんの二人は、観測船から大型ヘリコプターに乗って、袋浦《ふくろうら》と呼ばれるペンギンの調査地に上陸した。袋浦には小さな小屋が建っている他は何もないので、調査器具の他にも食料、ポリタンクの水、発電機など、必要な物資をすべて積んでいった。かくして一カ月半にわたる長いフィールド調査が始まった。

袋浦に初めて降り立ったときの圧倒的な光景は今も忘れない。眼前にはところどころで氷山を閉じ込めた真っ白な氷海。背面の露岩域はそれと強烈なコントラストをなし、まるでグランドキャニオンのような、あるいは火星のような、紫外線に灼かれた赤銅色の巨岩が張り出している。そして音がない。しんと静まり返った静寂ではなく、最初から音など存在しないかのような無音の世界である。世界の果てに自分は来たのだと思った。

ちなみに袋浦とはまた変な地名だが、居住の歴史のない南極のことだから、理由は簡単に想像できる。きっとサンタクロースの持つ大きな白い袋のような、丸い形をした小さな湾（浦）だからそう名付けられたのだろう。南のほうに歩いて行くと指のように細長い半島が二つ並んでいて、その先にある岬はそれぞれ小指岬、中指岬と呼ばれている。さらにその奥にある細長い島は親指島という名が付いている。童話の中に迷い込んだような、何とものんびりした地名たちである。

小屋の数百メートル先にアデリーペンギンの集団営巣地があって、一〇〇羽ほどのペンギンが子育ての真っ最中だった。石を積み上げて作った巣の真ん中に、親ペンギンがちょこんと立ち、その足元には灰色のヒヨコのようなペンギンの雛が、ヒーヒーと食べ物をねだっている。丸々と太っている雛もいれば、ガリガリにやせて今にも死にそうな雛もいる。よく見れば巣の出来にもバリエーションがあって、要塞のように石を高く積み上げた立派な巣もあれば、簡単に攻略されてしまいそうなみすぼらしい巣もある。アホウドリのところでも触れたように、ペンギンのような生態系の頂点にたつ捕食動物は、天敵がいない代わりに種内の争いが熾烈である。

調査小屋はトーフハットと呼ばれる四畳半くらいの広さの、白い真四角なものが一つと、アップルハットと呼ばれる真っ赤なドーム状の、これは広さで言えば三畳くらいのものが一つ。小屋の外には、錆び過ぎていて元の色がわからないドラム缶がデポしてあって、発電機用の燃料が入っている。小屋の中の壁には、二〇年前くらいに張られたと思しき往年のアイドルのポスターがそのまま色あせて残っていた。

トイレも水道もシャワーもないが、生活はシンプルで楽しい。昼間はずっと調査をして、夜になれば腹いっぱい食べて寝る、それだけである。食事は自分たちで作りたいものを作りたいだけ作る。生の野菜はニンジンと玉ねぎとジャガイモくらいしかないが、冷凍食材は大量に——万が一、ヘリコプターにトラブルが発生して誰も迎えにこられなくなったときのことも想定して、本当に大量に——提供されているから、アイデアさえあれば何でもできる。酢豚に似たものからパエリアっぽい何かやら、いろいろやったけれど、やっぱり一番はカレーライス。貴重な生の玉ねぎやニンジンを粗く切り、ちょっとだけ贅沢なフレーク状のルウを使えば、それだけで間違いなくおいしいのだから、カレーはずるい。カレーやご飯からもくもく出てくる湯気を追い出すために、小屋のドアを開けると、獲物を捕って巣に戻る途中のペンギンがてくてくと歩いていくのが見える。

でもなんといっても一番の幸せは寝る時間である。白い息の出る氷点下の小屋の中で、しかも物音ひとつしない静寂の中で、極上のふわふわ寝袋に包まれる幸せ感といったらたまらない。自分だけの空間で自分だけの暖かさを楽しんでいると、なぜだか小学校時代のとりとめのない思い出なんかが蘇ってくる。そしてそうしているうちに、いつの間にか深い眠りに落ちていく。

ジオロケータの装着は慎重に

さて、バイオロギングというハイテクを使う前に必要なのは、地道でローテクな観察作業である。まず、ペンギンの集団営巣地を見渡し、巣の並びや特徴ある岩などを頼りに、見取り図を作成する。そして個々の巣に番号を振り、それぞれの雛の発育状況や親鳥の帰巣頻度などをじっくり観察する。

そうしてみると、親鳥がサラリーマンのようにせっせと海と巣とを行き来して食べ物を持ち帰り、その結果として雛が大きく健やかに育っている優良家庭と、どこで油を売っているのか親鳥の帰巣頻度が低く、そのために雛が小さく栄養不足ぎみの問題家庭とがあるのに気付く。どちらも野生動物としては自然な姿かもしれないが、記録計を付ける親鳥にはちゃんと帰ってきてもらわないと困るので、できるだけ優良なサラリーマン家庭を絞り込む。

そのシーズンの調査では、ビデオカメラ、加速度計、GPSなど複数のバイオロギング機器をあわせて四五羽ものペンギンに取り付けた。私と高橋さんとの二人でペンギンを次から次へと捕まえ、記録計を付けて放鳥する。数日後に巣に帰ってきたところを再捕獲して記録計を回収したら、すぐにダウンロードしてからセットアップし直し、また別のペンギンに取り付ける。そんな作業を数週間も繰り返すのだから、バイオロギングのお祭り状態だった。

けれどもジオロケータだけは別である。これはプラスチックの結束タイを使ってペンギンの足首に取り付け、そのまま一年間放置する。だからとびきり生きのよさそうなペンギンを一七羽、シーズン後半までとっておいて、子育てが終わりそうなタイミングで捕獲し、ジオロケータを取り付けた。

でも本当にこのペンギンたちは来シーズン、同じ巣に戻ってきてくれるのだろうか。

私たちは半信半疑のまま、タロ、ジロを南極に置き去りにして帰国した五〇年前の第一次日本南極地域観測隊のように、ジオロケータを取り付けたペンギンを置き去りにして帰国した。

「ペンギンはどこに、何しに行くの？」

私にとっての初めての四カ月間の南極調査は長かった。往路の船旅（一カ月）が長い。フィールドワーク（二カ月）が長い。復路の船旅（一カ月）が長い。すべて合わさるともっと長い。これにプラス一年が加わる越冬隊員からすれば、それくらいで情けないと笑われそうだが、正直なところ、もうしばらく旅行はいいや、という気持ちで帰国した。

でも私のそんな気持ちとは一切無関係に、帰国してまもなく、翌シーズンの南極調査の準備が始まった。あの途方もなく長い日程をまた一からたどるかと思うと憂鬱にもなったけれど、向こうではタロとジロならぬ、ジオロケータを足に取り付けたペンギンが待っているはずなのだから、行かないわけにはいかない。

二年目のシーズンのペンギン調査隊は、私とポスドク研究員の伊藤君、それに大学院生の永井さんという三人体制だった。私が立場的に調査リーダーであったので、絶対にぬかりがあってはならないという緊張感をもって準備を進めた。

しかしいくら準備段階のストレスがあろうと、いざ乗船してしまえば気分は高揚した。観測船「しらせ」がオーストラリア大陸を離れ、南下するにつれてアホウドリが舞うようになり、ザトウクジラが姿を現す。海氷を割って進む段階に入ると、ウェッデルアザラシが寝ている、真っ白なユキドリが飛んでいる、そして出ました、アデリーペンギンの長い列車!

ヘリコプターで袋浦に渡ると、まるで時が止まっていたかのように、一年前と同じ光景がそこにあった。茶色に錆び過ぎていて元の色がわからない燃料用のドラム缶、色あせた往年のアイドルポスター、そして数百メートル先には、石を積み上げた巣の中で子育てをしているアデリーペンギンたち。さっそくジオロケータを取り付けたペンギンを探す。

足にジオロケータを付けたペンギンがいれば、すぐに気付くだろうと高をくくっていた。でも実際に巣の中にちんまりと収まっているペンギンを見てみると、足元が羽毛の中に沈んでしまっていて、視認できない。じっと双眼鏡で観察していると、たまにペンギンがわずかにポジションを変えた瞬間にだけ、足元がちらりと見える。

なお厄介なことに、ジオロケータを付けたペンギンは今ここにはいない可能性も十分にある。折悪しく獲物を捕りに海に出ていたとすれば、戻ってくるまでには数日はかかる。これは持久戦になる、と思った。

しかし持つべきものは仲間である。今回一緒だった伊藤君は、私よりも腕前が数段上のバードウォッチャーなので、双眼鏡でじっと観察するのに慣れている。突然「あ、あれだ!」と叫んで指差すほうを見ると、確かにペンギンの羽毛に囲まれた足元のわずかな隙間から、きらりと輝くジオロケータが見えた。

本当にアデリーペンギンは一年ぶりに、もとの場所に戻ってきてくれていた。結局ジオロケータを取り付けた一七羽のうち、九羽のペンギンから機器を回収することができた。打率六割なら上々の出来といっていいだろう。こうして私たちは、一年間にわたるアデリーペンギンの移動軌跡を初めて明らかにすることができた。で、結果はどうだったのだろう。袋浦にいない七カ月の間、ペンギンはどこに行っていたのだろう。

それはもう、本章で説明した回遊の法則の総復習のようなデータであった。

夏の間、ペンギンは緯度の高い袋浦の周辺で、大量に発生するオキアミや魚をぱくぱく食べ続けている。夏の南極海はとりわけ豊饒という、本章で何度も繰り返してきた地球の法則である。夏の終わりとともに、ペンギンは厚い氷に覆われた営巣地を離れ、低緯度方向に移動していく。そして真冬の間は、袋浦から二〇〇〇キロも離れた、わりと温暖な海域で過ごしていた。つまりザトウクジラの回遊と同じタイプの、季節に合わせた半球内の南北移動をペンギンはしていた。そして冬が終わる頃、ペンギンたちはまた袋浦に向かって移動を開始する。全体の経路は大きな時計回りの円を描いていて、それは現地の海流の方向とよく一致していた。ミズナギドリやアホウドリの例でも見てきたように、地球スケールの風や海流を知ることは、大移動を完遂させるための必要条件である。そうして夏の初めに営巣地にたどり着き、一年のサイクルが完成する。ちなみにペンギンが南半球の冬の時期に北極まで北上して「終わらない夏」を享受しないのは――それはもう言うまでもないか。

それにしてもアデリーペンギン、まるで本章を書くためにできたような回遊パターンじゃないか？

第二章

泳ぐ

——遊泳の技巧はサメに習う

マグロは時速一〇〇キロでは泳がない

夏の楽しみは定置網。私は魚の調査のために、かつて住んでいた岩手県大槌町を今でも毎年訪れ、定置網漁船に乗せてもらっている。

定置網漁ほどエンターテインメント性の高い第一次産業もないと思う。だってどんな獲物がどれくらいかかるのか、やってみるまでろくすっぽわからないのだから。船倉に積んでも積みきれないほどのサバの大群がかかることもあれば、お化けみたいな巨大なマンボウがとれることもある。ウミガメだって、クロマグロだって、外洋性のサメ（アオザメやネズミザメ）だって迷い込むし、冗談でなくミンククジラがかかったこともある。さすが定置網、さすが太平洋。日本列島のすぐ隣には地球の何分の一かを占める巨大な海が広がっているのだと、実感せずにはおられない。

しかもまた、漁獲物の登場の仕方にドラマがあるのもいい。定置網は時間をかけて少しずつ絞られていくから、漁船の上から見ていると、今日は何がとれたか、だんだんと実態がわかってくる。うじゃうじゃとした茶色い影は、あれはイカの群れかな。いま高速で目の前を通り過ぎた黒い影は、ブリかマグロか。そしておや、水面から突き出た背びれはサメ？　もしくはマンボウ？　なんて感じのわくわくがある。

やがて網が最小サイズまで絞られると、クレーンで吊るした大きなタモ網が差し出され、漁獲物がざぱっとすくわれて甲板に揚げられる。するといたいた、サバの大群、イカの大群。ブリにヒラメにクロマグロ。トビウオ、アンコウ、エゾイソアイナメ。岩みたいに大きなマンボウが、横になってバタンバタンとひれで床を打っている。

私がそんな魚たちを見るのが好きなのは、姿かたちがすこぶるバリエーションに富んでいて、しかもそれぞれがそれぞれのライフスタイルにぴたりと合致しているからである。別の言い方をするならば、個々の魚のデザインにそれぞれ異なるはっきりとした設計思想が見て取れて、進化の不思議を感じずにはおられないからである。

たとえばアンコウ。上下につぶされた扁平な体つきは海底での待ち伏せに適しており、遊泳のためのひれは退化しかかっている。パカッと開く口の大きいことといったら、赤子の頭がすっぽり入ってしまうほどで、近くを通りかかった魚は瞬間的に吸い込まれるのだろう。この魚の設計思想は疑いの余地なく「待ち伏せ」。

たとえばトビウオ。長く伸びた胸びれは、飛行機みたいな高アスペクト比であるだけでなく、キャンバーと呼ばれる上反りまで付いており、航空力学的に優れた翼である。シイラなどの天敵に襲われたときは、水面を飛び出して翼を左右に広げ、風を受けて何百メートルも滑空することができる。この魚の設計思想は「滑空」。

そして極め付きがマグロ。水中での抵抗を減らすための、魚雷のような流線形とつるりとした体表面。推進効率を増すための、三日月形の尾びれや細くくびれた尾柄《びへい》。背びれや胸びれは、使わないときは余計な抵抗を生まないように、まるでアニメのロボットみたいに体表面の溝に収納することができる。体のすみずみまでが高速遊泳のためにデザインされた、圧倒的な機能美。私は世界中のあらゆる海洋動物の中でもマグロが断トツに恰好いいと思っている。

では高速遊泳といって、マグロはどのくらいの速度で泳ぐのだろう。

あ、これは私の大事な持ちネタの一つなのに、我慢できずに前章で言ってしまった。バイオロギングの調査結果によると、体重二五〇キロのクロマグロは平均時速七キロで泳ぐ。

たったの七キロ？　マグロって時速一〇〇キロとかで泳ぐんじゃないの？

そこが面白いポイントである。確かに子ども向け図鑑の「海の動物の不思議」コーナーなどを見れば、マグロは時速八〇キロ、カジキは一〇〇キロ以上、カツオは六〇キロ、などと書いてある。高速遊泳に適したこれらの魚は、まるで高速道路を走る車のような速度で大海原をビュンビュン泳ぎ回るとされる。

けれども私がバイオロギングで計測された様々な魚の遊泳スピードを解析した結果、それはとんでもない誤報だとわかった。巡航時の平均時速は驚くなかれ、どんな魚でも八キロ以下。それどころかマグロ以外のサケだのブリだのタラだのといったほとんどの魚たちは、だいたい時速二～三キロで泳ぐ。

魚以外の海洋動物はどうだろう。再び「海の動物の不思議」コーナーを見れば、ペンギンは時速六〇キロ、アザラシは四〇キロ、シャチは六五キロと書いてある。

これも残念ながら、バイオロギングによる調査結果とは大きく乖離してしまっている。実際はペンギンもアザラシもクジラも、せいぜい時速八キロがいいところだ。

マグロが遅いのではない。ペンギンやアザラシが遅いのでもない。そうではなくて、海中を泳ぎ回る動物の動きのことなんか、バイオロギングの始まる前はろくすっぽわかっていなかったのである。そしてバイオロギングの研究成果は、ここ二〇年くらいの新しいものがほとんどなので、まだ一般社会には十分に浸透していない。

これではいけない。一般的なイメージと真実との間にひどい乖離があるのなら、それはいち研究者として、訂正しなければならない。海洋動物の正しい姿を、なるべく多くのひとにお知らせしなければならない。

そこで本章は泳ぐ速さの物語。魚は、ペンギンは、クジラは、本当はどれくらいの速さで泳ぐのか。そしてその背景には、どんな物理メカニズムや進化的な意義が隠されているのか。動物の分類群によらずに遊泳速度を説明できる、一般法則のようなものはあるのだろうか。そんなことを考えてみたい。

三時間ほどですべての定置網が揚げ終わり、漁獲物を船倉に満載して港に帰れば、待ってましたの食事タイム。番屋のテーブルにつき、賄いのおばちゃんの用意してくれたほかほかの朝食を、三〇人ほどの漁師たちと一緒になっていただく。ガス炊きの真っ白なご飯の日本昔ばなしみたいな山盛りと、それと同じ標高のイカの刺身の山。もちろんイカは今さっき定置網からとってきたばかりだから、ぷりぷりに透き通っている。そしてこれもさっきとってきたばかりの、ふっくらとしたサバのぶつ切りの入った味噌汁のお椀が隣につく。いざ、とばかりにイカの山に醤油をたっぷりとたらしてから、ご飯の山、味噌汁の海とともに集中攻撃をかける。

定置網の一番の楽しみは魚の進化を見ることだって言ったけれど、やっぱり訂正。一番の楽しみはこの世界一の朝食です。

薄気味悪いニシオンデンザメ

泳ぐ速さの話でまっさきに紹介したいのはニシオンデンザメである。一般にはあまりなじみのないサメかもしれないが、一部のマニアの間では「謎の深海モンスター」として確固たる地位を築いている人気者である。そしてその人気に一役買ったのは、恥ずかしながら私自身のバイオロギング研究かもしれない。私はこのサメが「世界一のろい魚」であることを発見した。

二〇〇九年六月、私はスバールバル諸島というノルウェー本土から北に八〇〇キロほど離れたノルウェー領の島にいた。北緯七九度といえば完全に北極圏であり、六月でもセーターがいるくらい寒い。ニシオンデンザメはこのあたりの海にうようよいる。

北極にサメがいるとは意外に聞こえるかもしれない。確かにサメといえば基本的には温かい海を好む生き物であり、水温が一〇度以下の冷たい海に入ってくる種類は、ネズミザメやオンデンザメ（ニシが付かない別の種類）など、数えるほどしかいない。その中で唯一、水温が氷点下まで下がる極域の海でずっと暮らしている変わり者が、ニシオンデンザメである。

ちなみにニシの付かないオンデンザメは、名前の通りニシオンデンザメの近縁種であるが、北太平洋の深い海に広く分布していて、日本近海でも見つかる。「ニシ」よりもやや体が小さくてモンスター性は少し劣るが、それでも見た目の不気味さはよく似ている。なお「ニシ」という接頭語は大西洋を指している。太平洋にいるサメの近縁種が大西洋にいる場合、あちらの種名に「ニシ」と付けられた例はいくつかあって、ネズミザメとニシネズミザメ、レモンザメとニシレモンザメなどが挙げられる。

ニシオンデンザメがふるっているのは氷点下の海に住んでいることだけではない。このサメは見た目からしてモンスター。体長四〜五メートルにもなる巨体は濃淡の入り混じった灰色で、でっぷりと太っている。体はぐにゃぐにゃに柔らかく、あまつさえ背びれや尾びれまでタラリとしていて、高速遊泳はできそうにない。そのわりに眼だけはらんらんと黄緑色に光っていて、しかもその眼の中心部からは驚くことに、いつでもカイアシ類の白く細長い寄生虫がぶら下がっている。幼稚園児が見たら泣き出してしまいそうな、薄気味の悪い外見だ。

加えて薄気味悪いことに、このサメは口に入るものは何でも食べてしまう大の食いしん坊である。胃の中身を調べると、いろいろな種類の魚に交じってアザラシが出てくる、クジラが出てくる、トナカイが出てくる。クジラやトナカイは、たまたま見つけた死骸を食べたのだと考えられているが、アザラシだけは新鮮なまま胃の中に収まっており、どうも生きたまま捕まえているらしい。さらにいえば共食いも平気の平左でやってしまうから、釣針にかかったニシオンデンザメは早く引き上げないと、別のニシオンデンザメにあっという間に食い散らかされてしまう。

それにしてもわからないのは、獰猛《どうもう》な性格とぐにゃぐにゃな体とのアンバランスである。体つきはどう見たって遊泳に不向きなのに、実際には生きたアザラシを捕まえている。いったいどういうことだろう。

こういうときにバイオロギングは強力な武器になる。この不思議なサメの自然なままの遊泳能力を、正確に測定することができる。そして私がノルウェー人の共同研究者とともにスバールバル諸島までやってきたのは、そのような理由からであった。

ニシオンデンザメは多数の枝糸と釣り針が連なった延縄《はえなわ》の仕掛けで釣るので、まずは餌を用意しなければならない。てきとうな魚のアラでも使うのだろうと思ったら、これがまたしっかりノルウェー流なのが面白い。私が調査船の上で待っていると、数人がライフル銃を抱えてボートで出て行って、大きなアゴヒゲアザラシを一頭仕留めてきた。それを私たちみんなで解体して、厚さ七～八センチはある血の滴《したた》る皮下脂肪を切り出し、延縄用の餌にした。そりゃあサメにとってはこれ以上ない、よだれの出そうな餌だろう。もちろん政府の許可は得ているのだが、魚釣りの餌のためにアザラシを撃つ国はノルウェーの他にないのではないか。さすがは海賊の末裔たち、と言いたくなった。

で、翌日仕掛けを引き揚げると、いくつかの針にはずっしりとした重みがかかっていた。ニシオンデンザメである。仕掛けを手でたぐり寄せ、ゆっくりと揚がってきたサメをボートに横付けにする。この過程で普通のサメなら大暴れするのだが、ニシオンデンザメはゆっくりと体をくねらせるのみなので驚いた。どうもこのサメは氷点下の海の中で、活動量を低下させているように思えた。

そして早速、サメの背中に記録計を取り付け、針を外して放流した。自由になったニシオンデンザメは、ゆっくりと尾びれを動かして海の中に消えていった。記録計は二四時間後、タイマーで魚体から切り離され、海面に浮かんだところを電波を頼りに回収した。第三章で詳しく述べるが、動物から記録計だけを切り離して回収する手法は、私が大学院生のときに苦労して確立させた。

かくして薄気味悪いニシオンデンザメから、初めてのバイオロギングデータを記録することができた。

世界一のろい魚

さて、データである。ニシオンデンザメは本当にのろいのだろうか。だとすればそれはなぜだろう。それにどうやってアザラシを捕まえるのだろうか。

データによれば、ニシオンデンザメの平均遊泳スピードは時速一キロ。体長三メートルの大きなサメが、赤ちゃんのハイハイくらいの速度で泳ぐという驚くべき結果であった。たまに瞬間的に速度を上げる動きが見られたが、その折でさえ時速三キロしか出ていなかった。

あとから説明するように、一般に大きな魚ほど速く泳ぐ傾向がある。遊泳の物理的なメカニズムからすると、体の大きな魚はそれだけで有利なのである。

ということは、ニシオンデンザメは大きな体というアドバンテージをもちながら、それでもなお遅鈍だということ。体の大きさによる有利不利を差し引いて比較するならば、救いようのないくらいに遅いということ。実際、今までに計測されたいろいろな魚の遊泳スピードを集め、体の大きさの影響を差し引いて比較すると、ニシオンデンザメは堂々、世界一のろい魚であった。

ここは大事な点なので確認しておくと、遊泳スピードの絶対値でいえば、ニシオンデンザメより遅い魚はいくらでもいる。体長数センチのメダカやグッピーは、やはりニシオンデンザメよりは遅い。そうではなくて、体の大きさによる有利不利を差し引いて、同じ土俵に載せたときにニシオンデンザメが最も遅くなる。

同じ土俵に載せるとはどういうことだろう。

わかりやすい例を出すならば、脳の一番大きな哺乳類は何かと考えてみる。答えはシロナガスクジラである。このクジラは体重が一〇〇トンにもなる空前絶後の巨軀なので、脳だって当然どんな哺乳類よりも大きい。でもそれでは公平な比較にはなっていない気がする。体が大きいほど脳が大きいのは当たり前なので、その影響を差し引いて、共通の物差しで比較するのが望ましい。

そういうときはデータをグラフにして視覚的に比較するのがいい。横軸に体重を、縦軸に脳の大きさをとって、あらゆる哺乳類のデータをプロットする。全体としては、当然、右肩上がりの、つまり体重の大きな種ほど脳も大きいという傾向が見られるだろう。そしてその傾向の中で、最も上に突出した種、つまり体重から予想される脳の大きさから最も上にずれている種が、相対的に最も脳の大きな種といえる。この場合、それに相当するのはホモ・サピエンス、すなわちヒトである。

ニシオンデンザメが世界一のろい魚といったのは、そういう意味においてである。


サメよ、どうしてそんなにのろいのか?


なぜニシオンデンザメはそれほどのろいのだろう。

ヒントは極域の冷たい水にある。

一般に、尾びれを振って泳ぐ魚は、尾びれの振りの頻度を変えることで遊泳スピードを調整している。尾びれを素早く振れば振るほど遊泳スピードは上がるし、ゆっくり振るほど遊泳スピードは下がる。そして尾びれの振りの頻度は、バイオロギングが計測する加速度(体の揺れの度合いを表すパラメータ)から読み取ることができる。

ニシオンデンザメの尾びれの振りの頻度は一秒間に〇・一五回、つまり尾びれが右から左に振られてまた右に戻るまで、七秒もかかっていた。これは今までに測定されたあらゆる魚の中で、最も遅い記録である。尾びれの振りがこれほどまでに遅いから、遊泳スピードも当然遅くなる。

そして尾びれの振れの頻度は、水温と深く関わっている。

尾びれの振りは筋肉の収縮運動である。体の左右の筋肉が交互に、リズミカルに収縮することによって魚は尾びれを振り、水中での推進力を得ている。筋肉の収縮運動は、ミクロなスケールで見れば化学反応の組み合わせに駆動された筋肉繊維のずれである。もとが化学反応であるから、温度が上がれば活発になるし、下がれば停滞する。私たち人間は恒温動物であり、体温は常に一定に保たれているので意識することはないが、変温動物では温度が変わると筋肉の収縮速度が変わる。

だからニシオンデンザメが遅いのは、氷点下の水温のために筋肉の収縮速度が低下し、尾びれをゆっくりとしか振れないからである。あとから重ねて強調するように、体温の違いは動物の動きに決定的な影響を与える。

ではもしもニシオンデンザメをハワイのワイキキビーチに放したら、びゅんびゅんと尾びれを振って速く泳ぐようになるのだろうか。高速で泳ぐマグロなんかを捕まえて、現地で繁栄するのだろうか？

いや、そうはならない。どんな動物も例外なく、今いる環境に適応しているからである。ニシオンデンザメは氷点下の海のスローなライフスタイルに適応しており、そういう体に既になっている。おしなべて変温動物というものは、それほど広範囲の温度に適応できるものではなく、ニシオンデンザメについていえば適応できる水温の上限は七～八度だと考えられている。水温が二五度もあるワイキキビーチに放したとしたら、生命活動に異常をきたして死ぬだけだろう。

では最後に、そんなにのろくてどうやってアザラシを捕まえるのだろう。

北極のアザラシは海面にぷかぷかと浮かんで眠ることがあると考えられている。彼らにとっての最大の天敵はホッキョクグマであり、氷の上ではおちおち休んでいられないからである。実際、私もフィールドワークの最中に、水面に揺れるアゴヒゲアザラシの茶色い背中を見つけ、ボートで近づいてぽんと手で触ったことがある。するとアザラシははっと目を覚まし、慌てて潜り去っていった。ニシオンデンザメはそのようなアザラシにゆっくり音もなく近づいて、ガブリと嚙みついているのかもしれない。残念ながら実証するデータはまだないけれど、私はそう考えている。

それにしても不思議なのは、ニシオンデンザメの左右の眼には必ず寄生虫がぶら下がっているという事実である。白いカイアシ類の寄生虫は瞳の中心に深く根を張ってぶらぶらと揺れており、これでは眼が見えるはずがない。サメは一般に、嗅覚や電気信号を感知する感覚が優れてはいるものの、視覚がふさがれているのはニシオンデンザメくらいだろう。

世界一のろい盲目のハンター、ニシオンデンザメ。その生態にはまだまだ謎が多すぎる。今後の調査の進展を心から願っている。

世界一速い魚

世界一のろい魚がニシオンデンザメなら、世界一速い魚はなんだろう。

答えは第一章で述べた通り、マグロ類とホホジロザメである。彼らは平均時速七〜八キロほどで泳ぐが、私が文献を洗いざらい調べた限り、それよりも速く泳ぐ魚は七つの海のどこにもいない。

マグロやホホジロザメが速いのは、ひとつには単純に体が大きいからである。体が大きいことはそれだけで速く泳ぐための大きなアドバンテージになるのだが、その理由は少し込み入っているので後述する。

でもそれだけではない。体の大きさの違いによる有利、不利を差し引いてすべての魚を一つの土俵に載せても、それでもなおマグロ類とホホジロザメは最上位にくる。それはなぜだろう。

最重要のファクターは体温である。第一章で紹介した通り、マグロ類とネズミザメ目のサメは驚くべき進化の収斂《しゅうれん》によって、体温を周りの水温よりも高く保つという特殊な生理機構を手に入れた。ニシオンデンザメは氷点下の水温でのろのろと泳いだが、それとは逆にマグロ類とホホジロザメは体温を高くすることで筋肉の収縮速度を速め、バシバシと尾びれを振って活発に泳いでいる。

体温が高いことのメリットは、筋肉の収縮速度が上がることだけではない。代謝速度、つまり生物の体が燃やすエネルギーの総量が増えるので、そのぶんだけ遊泳に多くのエネルギーを割けるようになる。

代謝とは、体内に蓄えられた炭素を燃やしてエネルギーを発生させる化学反応である。もとが化学反応であるから、温度が上がればそれだけ加速される。川にいるコイやフナも、夏には代謝速度が上がって餌によく食い付くようになるから、寒い冬に比べてずっと釣りやすくなる。

それではなぜ、体が大きいと速いのだろうか。当たり前のようで当たり前でない、意外に厄介な問題に対する私の考えをここで述べてみたい。ちょっとややこしいけれど、その背景にはあらゆる動物が囚われて逃げられない、普遍的な法則が隠れており、大事なところなのでよく聞いてほしい。

大きな動物ほど、体内で燃やし続けている代謝速度（=エネルギー量）の総量は多い。メダカに比べて大きなニシキゴイがたくさんの餌を要求するのは、当たり前のことである。エネルギーをたくさん持っているのだから、もし他のすべての条件が同じならば、大きな動物は小さな動物に比べて圧倒的に速く泳ぐことができる。

けれども実際には、水中では水の抵抗が遊泳の妨げになる。そして水の抵抗も、体の大きな動物ほど大きくなる。メダカの体に比べてニシキゴイの体には桁違いに大きな抵抗がかかる。

動物を駆動する潜在的なエネルギーとそれを妨げる水の抵抗の両方が体の大きさとともに増えていく。となれば重要なのはバランス、つまり両者の増え方の違いである。

古くから知られていることだが、動物の代謝速度は、体重が増えるほどには増えない。メダカよりも一〇〇倍重いニシキゴイは、一〇〇倍多くのカロリーを要求するのではなく、実際には三〇倍くらい多く食べるにとどまっている。

動物の代謝速度が体重によってどう変化するのか、そしてそれはなぜなのかという問題は「代謝速度のスケーリング」と呼ばれ、五〇年近くにわたって議論百出の巨大といってもいい研究テーマである。今のところの結論らしきものを述べるならば、メカニズムはわからないものの、動物の代謝速度は体重の四分の三乗、もしくはそれに近い伸び率で増えていく。つまり体重が一〇倍になれば代謝速度は一〇の四分の三乗（＝五・六）倍になるし、体重が一〇〇倍になれば代謝量は一〇〇の四分の三乗（＝三二）倍になる。

いっぽう水の抵抗は体重によってどう変化するのだろうか。なるほど水の抵抗を決める一番の要素は速度であり、速く泳げば泳ぐほど、抵抗は増える。けれどもここで問題にしているのは体の大きさの影響なので、速度は一定と仮定する。小さなメダカも大きなニシキゴイも、仮に同じ速さで泳ぐとする。

水の抵抗はもとをたどれば、体表面を通過していく水の流れが、進行方向とは逆の方向に体表面を引っ張る力である。水の抵抗はいつも体表面に受けるので、速度が一定の場合、水の抵抗は動物の表面積に比例して増えていく。

そして動物の表面積はおしなべて体重の三分の二乗に比例して増えていく。線の二乗が面であり、線の三乗が立体であるから、立体を基準におけば、その三分の二乗が面である。ということは水の抵抗は、体重が一〇倍になれば一〇の三分の二乗（＝四・六）倍に増えるし、体重が一〇〇倍になれば一〇〇の三分の二乗（＝二二）倍に増える。

代謝速度は体重の四分の三乗で増え、水の抵抗は体重の三分の二乗で増える。ということは体が大きくなればなるほど、その差だけの代謝速度の余剰ができることになる。その余剰分を使って、大きな動物は速く泳ぐことができるというのが私の考えである。

実際に動物の遊泳スピードを解析してみて、この理論に一致した伸び率で増えていくことを発見したときは嬉しくて飛び上がってしまった。研究をしていて、自分の考えた理論とデータがぴたりと合ったときほど嬉しいことはない。

かくしてマグロとホホジロザメは体温が高いことと体が大きいこと、その二重の効果によって世界一速い遊泳スピードを手に入れた。そして彼らはその特技を十二分に生かし、第一章で紹介したように太平洋や大西洋の広大な海を縦横無尽に泳ぎ回っている。

ムカシオオホホジロザメの遊泳スピード

ここで少し想像を膨らませてみよう。マグロやホホジロザメが太古の海に戻り、今はもう絶滅してしまった魚たちとスピード比べをしたら、どんな結果がでるだろうか。前述のように、魚の泳ぐ速さはおもに体温と体の大きさによって決まる。そしてその背景には、代謝速度と水の抵抗という、古今東西変わらない普遍的な物理法則が伏流している。だとすれば絶滅した動物に同じルールを敷衍したって間違いはないだろう。物理という武器の強さはそこである。種間の壁どころか、時間の壁だってらくらくと越えることができる。

マグロやホホジロザメを超える高速遊泳魚は歴史上いただろうか。もしいたとすれば、それは高い体温と巨大な体を併せ持つマグロのお化け、あるいはホホジロザメのお化けに違いない。

ムカシオオホホジロザメ、別名メガロドンというのがそれである。一八〇〇万年前に現れて一五〇〇万年前に絶滅したと考えられる、ホホジロザメのお化けともいうべきサメだ。分類上ホホジロザメの近縁種であり、したがって体温を高く保っていた可能性が高い。さらに体はホホジロザメよりもはるかに大きかったと考えられているから、私が思うに、ムカシオオホホジロザメこそが古今東西の最速遊泳魚である。

ではこのサメは太古の海をどれくらいのスピードで泳ぎ回っていたのだろう。

それに答えるにはまず、体の大きさを推定しなければならない。そしてそれが一番の問題だったりする。

サメは軟骨魚類といわれるだけあって骨が軟らかく、化石になって残るのはほとんど歯だけという古生物学者泣かせの生物だ。ムカシオオホホジロザメの場合も、化石として残っているのは、鋭く尖った大きな歯と稀に見つかる脊椎骨のかけらのみ。だからなんとか歯の大きさから、体全体の大きさを推定するしかない。

こういう場合の常套手段として、まずは現生のサメにおける歯の大きさと体の大きさとの相関関係を調べる。そしてその関係式を使って、ムカシオオホホジロザメの歯の大きさから、体の大きさを推定する。なるほど一見すればちゃんとした科学的なやり方に思える。

でも問題は、現生のサメの中にムカシオオホホジロザメほど大きな歯をもつ種がいないことである。つまり巨大なサメにおける歯の大きさと体の大きさとの関係は、本当はわからない。仕方がないので現生のサメからとった関係式をデータの外側に延長し、サメが巨大化しても歯の大きさと体の大きさとの相関関係は変わらないと仮定したうえで、ムカシオオホホジロザメの体の大きさを推定するしかない。

これは統計的には外挿といって、やってはいけないこととされている。データのない外側まで関係式を延長するのは、根拠がないからダメとされる。今まで続いてきた関係が、これからも続く保証はどこにもない。もし外挿が正しい結果をもたらすのなら、今まで上がり続けてきた株価は絶対に明日も上がるはずだし、逆に下がり続けてきた株価は間違いなく明日も下がるはずだ。私たちの身の回りが億万長者であふれかえってはいないという事実が、外挿の危うさを背理的に証明している。

とはいえムカシオオホホジロザメの例のように、外挿しかしようのない状況だって確かにある。少なくともないよりはまし、ベストではないけれどベター、と割り切って外挿を許すとしよう。そうすると、このサメは大きなものでは体長一六メートル、体重にして五〇トンにもなったと推定される。オスのマッコウクジラほどの巨軀を誇る凶暴なサメが、太古の海にはいたことになる。

そして私の見つけた体重と遊泳スピードとの関係式からすると、五〇トンのムカシオオホホジロザメは、平均時速二三キロで泳いでいたと予想された。現生のどんな魚も、あるいはアザラシやクジラもかなわない、ぶっちぎりのスピードである。

ムカシオオホホジロザメはそんなスピードでクジラなどを追いかけ、鋭く尖った大きな歯でガブリと嚙みついていたのかもしれない。

「マグロ時速八〇キロ」の情報源

それにしても世界最速のマグロやホホジロザメでさえ、平均時速は七～八キロでしかない。他に私が文献から見つけたデータを見てみても、カジキは平均時速わずかに二キロだし、サケは平均時速三キロしか出さない。子ども向けの図鑑に載っている、マグロは時速八〇キロとかカジキは一〇〇キロ以上とか、あれはなんだったのだろう。

本章で紹介している魚のスピードは平均的な巡航速度であって、瞬間的に出せる最大速度ではない。一般的にいって、動物の最大パフォーマンスを計測することは、平均値を計測することよりもはるかに難しい。動物が本当に最大のパフォーマンスを発揮しているのか、客観的な判断ができないからである。だから魚の最大速度についても実測のデータはほとんどない。

けれどもある程度の予想はできる。水槽で魚を泳がせた実験によれば、多くの魚が出せる精いっぱいのスピードは、巡航速度の三～四倍ほどである。このルールをマグロにも当てはめるとすれば、マグロの最大速度は時速二〇～三〇キロ程度ということになり、いずれにせよ八〇キロには遠く及ばない。

つまりマグロ八〇キロ、カジキ一〇〇キロ以上の通説ははなはだしく間違っている。私は今までにたくさんの魚に記録計を付けてきたが、そんな軍事用の魚雷みたいなスピードが計測されたことはただの一度もない。バイオロギングを使ってマグロやカジキの遊泳スピードを測った文献を調べても、それに近いスピードが報告された例は見つからない。

ではいったいなぜ、そのような通説が広まったのだろうか。そもそもバイオロギングの手法が開発される前は、どうやって魚の遊泳スピードを計測していたのだろうか。

マグロの遊泳スピードについての文献を遡ると、一九六四年に発表された「Measurements of Swimming Speeds of Yellowfin Tuna and Wahoo（キハダとカマスサワラの遊泳スピード測定）」という、タイトルずばりそのままの論文にたどり着く。『ネイチャー』という当時も今も世界最高のインパクトをもつ有名科学雑誌に発表されているので、ほうと思って内容を確認すると、あったあった。マグロ類の遊泳スピードを世界で初めて測定できたとして、キハダ（マグロの一種）の最大スピードを時速七五キロ、カマスサワラ（マグロ類と同じサバ科の魚）の最大スピードを七七キロと報告している。

またそこから四年遡った一九六〇年に、旧ソ連の研究者がロシア語で発表している論文も見つけた。ロシア語は読めないので共同研究者であるロシアのバラノフさんに送って読んでもらったところ、マグロは時速九〇キロ、カジキは時速一三〇キロで泳ぐとはっきり書いてあるとのこと。どうやらこのあたりがオリジナルの情報ソースのようだ。

ロシア語の論文のほうは計測手法が書かれていないらしいのでなんとも判断のしようがないが、『ネイチャー』の論文のほうはしっかりと手法が書かれている。それは少なくとも現代の私たちの感覚からすると、かなり大胆でおおざっぱな手法である。使うのは特製の釣竿とリール。つまりボートを出してマグロを釣るのである。マグロがヒットしたら少し巻き取ってテンションをかけたのち、「せーの」でリールをニュートラルにする。マグロの泳ぎに合わせてギュルギュルと糸が出ていくので、そのときの糸の出ていくスピードをマグロの遊泳スピードとした。

今の時代だったらこの論文は科学雑誌に受理されないだろうと思う。野生動物の行動は、できるだけそのままの、自然な状態で計測されなければならないという共通認識を研究者たちがもっているからだ。釣られて糸を引きずりながら暴れているマグロの行動を、本来のマグロの行動とみなすことは残念ながらできない。

よしんばそれを受け入れたにせよ、糸の出ていくスピードがどれほど正しく魚の泳ぐスピードを表していたのかは誰にも判断できない。糸のたるみ具合によって、魚の泳ぐ方向によって、あるいは海流によって、大きな誤差が生じてしまわないかと心配になる。

だから私の想像だが、ボートの上で人がバタバタと動き回る忙しい実験のなか、諸条件が重なって一瞬だけ時速八〇キロに近い値が記録されたのだと思う。それが野外で魚の遊泳スピードを測定した画期的な試みであり、かつ誰もが驚く実験結果であったため、『ネイチャー』という著名な科学雑誌に受理され、世に広まることになったのではないか。

断っておくと、私は最新のバイオロギングを盾に「昔はこんなにいい加減な計測がまかり通っていた」と非難しているわけではない。むしろ話は逆で、バイオロギングのなかった時代に自分たちで装置を工夫し、それまで不可能だった遊泳スピードの計測をまがりなりにも成し遂げた事実は称賛に値すると思っている。のちにそれが間違いだとわかった段階で、誰かが訂正すればいいだけのことである。そういうふうにして科学は発展していくのだから。

ペンギン、アザラシ、クジラも参戦

これまで魚の遊泳スピードを見てきたが、泳ぐ動物はもちろん魚だけではない。息をこらえて潜る動物──ペンギン、アザラシ、クジラなど──のデータもバイオロギングによって多数蓄積されている。体温と体の大きさが重要という遊泳速度の一般法則は、これらの動物たちにも当てはまるのだろうか。そしてもし泳ぐ動物すべてを同時に比較したら、どれが速くてどれが遅いだろう。

普通、魚類学者はイワシをアザラシと比較しようとは考えないし、鳥類学者はペンギンをウミガメと比べようとは思わない。でも私はそういうざっくりとした比較が大好きである。分類群をまたがった多様な動物たちをおおざっぱに比較することによって、動物の体のデザインや生理機構の根本的な違いがどのように行動に表れるのか、普遍的なルールみたいなものが見えてくると思っている。

それにそれこそがバイオロギングの得意技でもある。バイオロギングのメリットはなにより、姿かたちも生理生態もバラバラな動物たちに共通の記録計を取り付けて、行動を定量化できることにある。本来ひとつのまな板に載るはずのない多様な動物たちを、ひとつのまな板に載せることができる。

だから私はバイオロギングで測定された遊泳スピードのデータを、分類群にかかわらず、集められるだけ集めることにした。私自身の測定したアザラシ、マンボウ、サメなどのデータにくわえ、文献からペンギンやクジラ、ウミガメなどの情報も収集する。遊泳スピードという無機質な数字が、他の種と比べられることによって次第に物語性を帯びてくる面白さを感じた。

八〇種類近い海洋動物のデータを集めることができた。魚類はメバルやヒラメなどの硬骨魚類からイタチザメやシュモクザメなどの軟骨魚類まで。鳥類は様々な種類のペンギン、鵜、ウミガラス。哺乳類はアザラシやオットセイにクジラたち。最後にウミガメはアカウミガメ、アオウミガメ、オサガメ。世界中のどんな水族館にも揃わない多彩な海洋動物たちが、私のパソコンの中で一堂に会した。

では競争を始めよう。世界一速い海洋動物は何か。

ずばり言ってしまうと、ホホジロザメ、エンペラーペンギン、シロナガスクジラの三者が拮抗している。いずれも平均時速八キロほどのスピードで泳ぐ。

これら三者は分類群はバラバラだが、ひとつの大きな特徴を共有している。

そう、体が大きいことである。ホホジロザメは体重五〇〇キロにはなる大きなサメだし、エンペラーペンギンは世界最大のペンギンだ。シロナガスクジラは世界最大のクジラであるだけでなく、世界最大の哺乳類であり、もっといえば四六億年の地球の歴史の中でこれ以上大きな動物は存在しないという空前絶後の巨大生物である。

つまり体の大きな動物ほど速く泳ぐという法則は、魚だけではなく、海鳥、海生哺乳類という各グループの中でも通用する、普遍的な法則であった。体が大きくなればなるほど、動きを妨げる水の抵抗に比べて動きを駆動する代謝速度が増えていくからだと説明したが、なるほど、その説明には魚でなければならないような前提は何ひとつ入っていない。

え、サメで一番大きいのはジンベエザメじゃないかって？　ここでいまひとつの法則が再登場する。動物の遊泳スピードは、体温に強く依存している。前にも述べたように、ホホジロザメを含むネズミザメ目のサメとマグロ類は、体温を高く保つという魚類としては異例の進化を遂げたグループである。いっぽうジンベエザメはごく普通の変温動物であり、その平均遊泳スピードは時速三キロにすぎない。確かに図体のでかさでいえば体重五トンにもなるジンベエザメは圧倒的であるものの、そのアドバンテージがあっさり帳消しにされるほどに、体温の影響は大きい。

体温の影響はウミガメの速度にも見ることができる。ウミガメの仲間は一般に体が大きく、アカウミガメやアオウミガメは体重一〇〇キロを超えるし、世界最大のオサガメは体重五〇〇キロにもなる。にもかかわらず、彼らの遊泳スピードは時速二キロ程度とぜんぜんふるわない。ウミガメは変温動物なので、いくら図体が大きくても、遊泳速度では恒温動物たちに太刀打ちできないのである。

まず第一に体温。それが同じなら体のサイズ。それが私の見つけた、すべての海洋動物に当てはまる遊泳スピードの一般法則である。

ただしわからないこともある。ホホジロザメ（五〇〇キロ）とエンペラーペンギン（二〇キロ）とシロナガスクジラ（一〇〇トン）がほぼ同じ速度ということは、体重のハンデを差し引けば、ペンギンが一番速く、サメが二番目で、クジラが一番遅いということになる。実際にすべての海洋動物のスピードを、体重のハンデを差し引いて比較すると、ペンギンなどの海鳥が一番速く、ホホジロザメなどの体温の高い魚類が二番目で、クジラなどの海生哺乳類が三番目。そしてそれからずっと落ちたところに、変温動物の魚類とウミガメがくる。

同じ恒温動物でも、ペンギンをはじめとする海鳥はとりわけ速い。この「ペンギンのパラドックス」（私が勝手にそう呼んでいる）はここ数年にわたって私の頭をずっと悩ませていて、いくつかそれらしい仮説は立ててみたものの、どれも釈然とはしない。いつの日か目の覚めるような説明を思いつきたいと、今日も頭をひねらせているのだが。

みんな燃費を気にしている

いちばん速いホホジロザメ、エンペラーペンギン、それにシロナガスクジラが平均時速八キロほどで泳ぐと説明した。

それにしても時速八キロといえば、少なくとも陸上では人がちょっと小走りすれば出せるくらいの、たわいない速度である。遊泳のスペシャリストたるサメやペンギンやクジラが、なぜその程度の速度に落ち着いているのだろう。

私の考えでは、海洋動物たちは持ち前の代謝速度、体温、姿かたちといった諸条件のもと、最もエネルギー効率のよい速度を積極的に選んでいる。

車を運転するときに燃費を気にする人は多い。同じ距離をドライブするにしても、なるべくガソリンを節約できればそれにこしたことはない。そして燃費をよくするためには、スピードは速すぎても駄目だし、遅すぎても駄目である。速すぎると空気抵抗が増えるだけでなくエンジンの燃焼効率が低下し、ガソリンの消費速度が加速度的に増えてしまう。逆に遅すぎるとガソリン消費速度は落ちるものの、なかなか目的地に着かないから、着いた時には結局たくさんのガソリンを使ってしまったことになる。つまりグラフで横軸に走行スピードをとり、縦軸に「一キロ進むのに使うガソリンの量」をとってプロットすれば、それはU字の曲線を描く。そしてU字の底に当たるスピードをドライバーが適切に選択できたときに、ガソリンをいちばん節約することができる。

同じことが海洋動物にもいえる。動物にとってのガソリンは、肝臓に蓄積されたグリコーゲンや皮下脂肪などのエネルギー源である。動物たちはそれらの消費を最低限に抑えるために、速すぎもせず遅すぎもしない最適な速度を選んでいる。

ダーウィンの進化論に当てはめれば別の言い方もできる。意識しているか否かにかかわらず、最適速度に近い速度で泳いだ動物はそうでない動物に比べてエネルギー消費を抑えることができる。そうした動物は厳しい自然の中を生き延びる可能性が高く、平均的により多くの子孫を後世に残すことができる。そのような自然淘汰が何千世代と繰り返された結果、現代に生きる海洋動物の多くは最適な速度で泳ぐようになった。

この最適速度の考え方は、私が海洋動物の遊泳速度データを分析した結果からいえることである。詳細はここでは述べないが、エネルギー効率を最大化するような物理モデルをたてると、バイオロギングで測定された遊泳スピードの値がだいたいうまく説明できた。

海洋動物の時速が八キロ以下であり、陸上で暮らしている私たちの感覚からするとずいぶん遅いことも、効率の観点から説明できる。

水中でも空中でも、流体の中を動く物体の受ける抵抗は「（流体の密度）×（速度）の二乗」に比例する。水の密度は空気よりも八〇〇倍も高いので、もし水中と空中で同じスピードを出したとしたら、水中では八〇〇倍も大きな抵抗を受けることになる。

くわえて抵抗が速度の二乗に比例して増えるということは、速度を少し上げただけで、抵抗は加速度的に増えるということである。速度が二倍になれば抵抗は四（＝二の二乗）倍になり、速度が三倍になれば抵抗は九（＝三の二乗）倍になる。

これらのことから、水中では速く泳ぐことのコストが桁違いに大きく、そのため水中での最適なスピードは空中のそれよりもずっと遅くなることがわかる。陸上で暮らしている私たちの感覚で、マグロも大したことないなどとうそぶいたら、それは大間違い。空中と水中とではそもそも物理環境が違いすぎるのだから。

遊泳スピードの法則

ここで海洋動物の遊泳スピードについてわかったことをまとめてみよう。

まず分類群にかかわらず、あらゆる海洋動物の巡航速度は時速八キロ以下である。瞬間的な最大速度は計測が難しいためよくわかっていないが、おそらくは巡航遊泳時の三〜四倍が限度だろう。「マグロは時速八〇キロ、カジキは時速一〇〇キロ以上で泳ぐ」という通説は、バイオロギングの始まる前のごくおおざっぱな測定値に尾ひれがついて広まったものであり、正しくない。

つぎに動物の遊泳スピードを決める最も重要な要素は体温である。恒温動物である鳥類や哺乳類、それに体温を高く保つことのできる特殊な魚類であるマグロ類やホホジロザメは、変温動物であるその他多くの魚類やウミガメに比べ、圧倒的に速い。変温動物の体温は周りの水温によって決まるので、ニシオンデンザメのような極地の魚はとりわけのろのろと泳ぐ。

考えてみれば、魚を捕って食べる鳥や哺乳類はあまたいるが、鳥や哺乳類を捕って食べる魚はめったにいない。そしてその稀な例に含まれるホホジロザメは、体温を高く保つ特殊なグループである。つまり体温によって遊泳スピードが決まるという法則一つで、世界中の海に見られる捕る、捕られるの関係をある程度説明することができる。

同じくらいの体温をもつグループの中では、体の大きな動物ほど速く泳ぐ傾向がある。体が大きくなればなるほど、動物を駆動する代謝エネルギーの総量も、動物の動きを妨げる水の抵抗も、両方増加していく。ただし前者のほうがわずかに増加率が大きいため、大きな動物ほど水の抵抗に対する代謝エネルギーの余剰が増えていき、そのため速く泳ぐことができる。

だから最も速いのは、体が大きくかつ体温が高い動物である。鳥ならエンペラーペンギン、哺乳類ならシロナガスクジラがそれにあたる。魚ならホホジロザメやマグロだが、絶滅したムカシオオホホジロザメはもっと速かった可能性が高い。

そして最後に、海洋動物はエネルギーを最も節約できる速度で巡航している。ちょうど車にとって燃費がいちばんよくなる走行速度があるように、動物にとってもエネルギー消費を抑えて遠くまで泳げるベストの速度がある。海の中は空気中に比べて抵抗が桁違いに大きいため、速く泳ぐためのコストがとても高くつく。海洋動物が時速八キロ以下という、空を飛ぶ鳥や陸上を走る動物に比べて遅いスピードで泳いでいるのは、そのためである。

マンボウという非常識

かくして泳ぐ速さの一般法則について話をすすめてきたが、最後にその応用編。マンボウというとびきり変な魚の実例を出して、魚が実際にどんなふうに泳いでいるのか、そしてそれをどうやって調べるのか、見ていこう。

私は二〇〇七年から二〇〇八年にかけて、岩手県大槌町にある東京大学海洋研究所（現東京大学大気海洋研究所）国際沿岸海洋研究センターでポスドク研究員をしていたが、そのときの研究テーマがマンボウだった。ポスドク研究員といえば指導教官からの独立を果たし、初めて自分で自由に研究テーマを決められる研究キャリアの青春時代。そんな大事な時期になぜマンボウだったかというと、あのあまりにヘンテコな姿かたちに一目惚れしてしまったからである。調査船の上で初めてマンボウを目にした若き日の北杜夫が、その常識はずれの姿に感銘を受けてその後「どくとるマンボウ」と名乗るようになったように。

マンボウの常識はずれはまず外見にある。背中からは背びれが、腹側からは尻びれがそれぞれ上下に長く突き出していて、しかも体の最後端にあるはずの尾びれがないから、結果として体長よりも体高が長いという奇妙な逆転現象が起こっている。ごく素朴な疑問として、こんな変な形でどうやって泳ぐのだろう。一般にマンボウはのんびり屋のイメージがあるが、実際はどのくらいの速度で泳ぐのだろう。

変なのは外見だけではない。この魚は体の内部も奇妙この上なく、たとえば浮き袋がない。多くの硬骨魚類（サメ、エイは軟骨魚類）は解剖すると、内臓の奥、背骨のすぐ下の位置にガスの詰まった浮き袋を持っていて、それによって水中で浮力を得ている。筋肉や骨など、魚体を構成するパーツのほとんどは水よりも密度が高いので、浮き袋がないと普通の魚は沈んでしまう。むしろ沈むほうが都合のいい、ヒラメのような底生の魚では浮き袋が退化しているが、マンボウのように中層をふわふわと泳ぐ魚が浮き袋を退化させている例は極めて珍しい。

マンボウは分類学上はフグ目に含まれる正真正銘フグの仲間であり、そう言われてみればおちょぼ口がどことなくフグっぽい。そしてフグ目の魚は、マンボウとごく近縁の数種を除き、ちゃんと浮き袋を持っている。なぜマンボウだけが浮き袋という便利な器官を退化させてしまったのだろう。その代わりにどんなふうに浮力を得ていて、そこにどんな生存上のメリットがあるのだろう。

つまり私はマンボウというヘンテコな魚に対し、ごく素朴な疑問を一ダースくらい持っていた。そしてそれをひとつひとつつぶしていけば、魚類の進化上のいくつかの疑問に答えるいい研究になるような気がしていた。

大槌町はマンボウの調査地としてはたぶん世界でも有数の恵まれた環境にある。何しろ定置網漁船に乗せてもらえば、春から秋にかけて大小様々なマンボウが次から次へとかかってくる。しかも定置網だけでなく、突きん棒漁という電気モリを使ったイルカやカジキをターゲットにした漁法もあり、こちらの漁師もマンボウを見つけると突いて持ち帰ってくる。ようするに地元の人はマンボウを好んで食べるので、水産業上の価値が少なからずあり、そのためにサンプル収集に困らない。そういえば一度、マンボウの文献を調べていて、あるイギリスの科学雑誌に「Their meat is not edible.（肉は食べられません）」と書いてあるのを見つけてビックリ仰天したことがある。いやいや、イギリスではどうか知らないけど、こちらでは身は刺身にして酢味噌で食べるし、コワタと呼ばれる消化管は塩焼きにして酒の肴になる。

調査の相棒は現在、広島大学で大学院生をしている澤井君。彼はマンボウに魅せられ、マンボウとともに生きることを決意した世にも珍しきマンボウマニアである。マンボウのサンプルを集めるためなら日本中、いや世界中どこだって行くし、手に入れたサンプルは一日中でも計測し、解体し、飽きることなく精査している。マンボウの干物を作って部屋に飾り、マンボウのTシャツをデザインして着、あまつさえマンボウの川柳を詠んでツイッターで発信している。

そんな澤井君。もともとなぜそれほどまでにマンボウに魅せられたかというと、それが衝撃的にしょうもない。いわく小学生の頃、あるファミコンゲームのキャラクターがマンボウで、それがあまりに可愛かったからだという。デフォルメの世界から入ったひとが、リアルな生のマンボウを解体し、消化管内の寄生虫を調べ、どろどろになった胃の中身を洗って顕微鏡で観察するようになる。そんなこともあるものだと私は妙に感心してしまった。

そういうわけで私と澤井君はふたりで毎日、大槌湾の定置網漁船に乗り、マンボウ集めをするようになった。

定置網漁はエンターテインメント

定置網漁の朝は早い。時期や曜日にもよるが、だいたい漁船の出港が午前の二時半から三時の間なので、朝早いというよりは夜遅いといったほうが正しい。

私と澤井君は出港の三〇分前には大槌湾に面した番屋で漁師たちに合流する。簡素な二階建ての建物の一階の広い部屋が皆のスペースになっていて、番茶やインスタントコーヒーを飲んだり、ストーブで手を炙ったりしながら静かに出港の時間を待つ(夏でもだいたいストーブが点《つ》いている)。壁には漁師のメンバーの名前の入った木札が並んでいて、その横には大漁を祈願する神棚がある。

そして時間がくると、紫やらピンクやら白やら、それぞれにカラフルな防水ガッパを漁師たちは身にまとい、真切《まきり》と呼ばれる小ぶりの和包丁を腰にゴムひもでくくりつけ、静かに漁船に乗り込んでいく。私と澤井君も青緑色をした研究所の防水ガッパの上に黄色のライフジャケットを身に付け、安全ヘルメットをかぶっていそいそとついていく。

大槌湾の外に仕掛けてある定置網までは片道二〇分ほどの船旅である。「ひょっこりひょうたん島」のモデルになったという蓬莱島の灯台の横を抜け、静まり返った夜の海を漁船はするすると進んでいく。その間、私は甲板の段差に腰かけて漁師たちとしばしおしゃべり。ここの漁師たちは若い頃は遠洋漁船に乗っていて、五〇を過ぎた頃に地元の大槌に戻って定置網漁に就いたひとたちがほとんどである。だからケープタウンのペンギンとか、シンガポールの屋台とか、意外なところで話はつながる。モウカ（ネズミザメの地方名）は心臓を刺身にするのが一番だの、カスベ（エイの一種）は味噌汁が絶品だの、漁師ならではの食べ物の話が次々にでてくるのも面白い。しみじみとした会話の合間に空を見上げれば、こぼれんばかりの満天の星――。

定置網に到着するとすぐに引き揚げにかかる。大某《だいぼう》さんと呼ばれる定置網漁のリーダーが仕切って、二隻の漁船を横一列に並べ、ローラー機械でロープを引っ張ると同時に、皆で船の縁に一列に並び、網をつかんで引き揚げていく。「えいさー」「ほいやさー」と大某さんが声でリズムをとり、私と澤井君もそれに合わせて体を動かす。

直径三〇メートルはあろうかという大きな定置網は少しずつ縮まっていき、それにつれて最初は横一列に並んでいた二隻の漁船が、少しずつお互いが向き合う恰好になってくる。その段階になると、今日の漁獲物が何か、少しずつ目に見えてきて楽しい。サバの群れはすいすいと網に沿って集団で泳ぎ、一部は網に突き刺さってバタバタもがいている。トビウオは水面に集まって、ときどきふわっとジャンプする。と、細長い背びれが一本水面に出て、ぱたりぱたりと左右に揺れている——マンボウである。

やがて網の面積は最小サイズにまで縮められ、その頃には二隻の漁船は幅三メートルの網を挟んで完全に向き合う恰好になっている。巨大なタモ網をクレーンで動かして、漁獲物をまとめてすくいあげ、船倉に移していく。ただし私たちの欲しがるマンボウだけは、漁師たちは船倉に入れずに甲板に投げてくれるので、それが私たちのサンプルになる。大事に持ち帰って研究所で計測、解体することもあれば、バイオロギングの記録計を取り付けてその場で放流することもあった。

四カ所の定置網をすべて揚げ終え、港に戻ってくる頃にはだいたい夜が明け、しらじらとした朝が始まっている。透き通った朝の空気のなか、魚市場のすぐ横に漁船を着け、本日の漁獲物を水揚げする。私と澤井君はサバの大群の中に時折混じっているブリの子ども（ソッコと呼ばれる）を仕分ける作業を手伝ったりして、それですべて終了。あとは番屋に戻って、待ってましたの朝食の時間だ。ガス炊きの真っ白なご飯に、今さっきとったばかりのイカ刺しを山盛りにして——あ、それは前に言ったっけ。

ともかく私たちはそのようにしてマンボウのサンプルを山のように集め、この奇妙な魚がどのように泳いでいるのか、形態計測とバイオロギングを組み合わせた調査を実施した。マンボウと過ごした夏。ひとことで言うとそういうことになるかもしれない。

浮き袋がないのに浮くのはなぜ？

私がマンボウに対して持っていた素朴な疑問は三つ。（一）浮き袋なしでどうやって浮力を得ているのか。（二）尾びれなしでどうやって泳ぐのか。（三）のんびり屋のイメージだが、遊泳スピードはどのくらいか。

まずは（一）の疑問からとりかかる。サンプルは山ほどあるし、浮力は原理的に単純である。もし浮き袋の代わりの器官があるのなら、マンボウの体内のパーツをひとつひとつ海水に投入してみて、浮くかどうかを調べればおのずと答えは出るはずだ。

はじめにマンボウの体全体を海水中に投入してみると、確かにふわふわと中性浮力に近い感じで漂ったので「お」と思った。浮き袋のない魚が海水中に浮くのは普通のことではない。

そこで解体を始め、マンボウの体の多くを占める筋肉や骨を切り出して海水に投げ込んでみると、すっと沈んだ。他の多くの魚と同様、マンボウの筋肉や骨は海水よりも高密度である。

ということは、体の中のパーツのどれかが――おそらくは目に見える大きな器官のどれかが――海水よりも低密度になっていて、浮き袋として機能しているということだ。「犯人はこの中にいる」と宣言する推理小説の探偵になった気分で、マンボウの体内のパーツを一つ一つ切り出して海水に入れ、浮かぶかどうかを確かめていった。

私が初めに疑ってかかったのは肝臓だった。人間と同じように魚の肝臓にも脂肪が蓄積されるので、浮き袋として機能している可能性は十分にある。実際、浮き袋を持たないサメの仲間は異常に大きな肝臓を持っており、それによって浮力を得ていることが知られている。

マンボウの肝臓を見てみると、体相応の大きさであり、サメのような巨大肝臓ではなかった。しかし確かに脂肪が蓄積されているであろうことは、成長にともなって色が変化することから見て取れた。体重数キロの小さなマンボウの肝臓は赤子の肌のようにつるつるしているが、体が大きくなるにつれて肝臓は黄色く濁っていき、体重一トンクラスの巨大マンボウの肝臓ともなれば薄汚れた脂の塊といった感じである。ああ、自分の内臓もこんなふうに老化していくんだなと、マンボウを前にして憂鬱になる。

肝臓を海水に入れてみると、確かにぷかぷかと浮かんだ。犯人はお前だ！　と言いかけて、ちょっと待った。科学研究は定性的であるだけでなく、定量的でもなければならない。海水に浮かぶというだけでは証拠としては不十分。肝臓の生み出す浮力が、マンボウの体全体を浮かべるのに十分であることを数値で示さなくてはならない。

そうなると、肝臓のサイズが大きくないことが効いてくる。計算してみると、肝臓だけではマンボウの体はとても浮かべられないことがわかった。いずれかの器官が浮き袋として機能するためには、密度が海水よりも軽いだけでなく、量も莫大でなければならない。危ない危ない、これは真犯人の仕掛けたトラップである。肝臓というわかりやすい容疑者を囮にして、自分はのうのうとシャバの空気を吸っている真犯人は誰だ？

まったく意外なところに真犯人はいた。マンボウは皮膚のすぐ下に、ちょうどナタデココを思わせる白くぷにゅぷにゅとしたゼラチン質の分厚い皮下組織を持っている。まさかとは思いつつも私がその一部を切り取って海水に入れると、なんとそのゼラチン質は海水にぷかぷかと浮いたのである。これだ！　と私はほとんど飛び上がった。

ゼラチン質の皮下組織は調べてみると、重さにして九六パーセントは水であった。水といっても海水ではなく、海水よりは少し塩分の薄い水だ。というのも、硬骨魚類は能動的に体内の塩分濃度を調整しているからである。海水よりも塩分が薄いということは、密度が小さいということであり、海水に浮かぶということである。

しかもマンボウはこの皮下組織を大量にもっている。体重一〇〇キロのマンボウで、皮下組織の厚さは一〇センチにもなり、重さでは体重の四〇パーセントをも占める。計算してみると、確かにゼラチン質の皮下組織は、マンボウの体を浮かせるのに十分な浮力を生んでいた。

マンボウは浮き袋をもたない代わりに、特殊なゼラチン質の皮下組織から浮力を得ていた。

なぜそんな手の込んだ浮力調整をするのだろうか。マンボウはフグ目に分類されるフグの仲間であり、祖先は確かに浮き袋をもっていた。浮き袋を退化させてゼラチン質の皮下組織に切り替えた、そのココロはどこにあるのだろう。

その答えは思いもよらず、遊泳メカニズムとスピードを調べるためのバイオロギング調査によって、副産物的に明らかになった。

意外な泳ぎのメカニズム

残りの疑問に入ろう。マンボウは尾びれなしでどうやって、どのくらいのスピードで泳ぐのだろう。

ここからはいよいよ私の得意とするバイオロギングの出番である。手ぐすね引いて待っていたとばかりに、定置網でとれたマンボウに記録計を取り付けて放流し、遊泳パターンを詳細に計測した。

海洋動物の遊泳にともなう体の動きは、加速度のデータから読み取ることができる。たとえばコイが尾びれをひらひらと左右に振って泳げば、それにともなって背中に取り付けられた記録計も左右に揺れるので、加速度のデータには山と谷が交互に現れる。だから加速度の波形を詳しく分析することで、遊泳のメカニズムを調べることができる。

マンボウから記録された加速度のパターンは、私がかつて見たことのある他の動物のパターンと酷似していた。といっても近縁のフグやカワハギではない。分類群も姿かたちも生理生態もまったく違うのに、でもなぜか加速度のパターンが似ていたのは、南極のペンギンである。

マンボウの遊泳メカニズムは、意外なことにペンギンのそれと同じであった。

つまりこういうことである。今、ペンギンが泳いでいるところを真正面から見ているとしよう。ペンギンは左右の細長いフリッパーをぱたぱたと上下に振っている。そのぱたぱたの動きをキープしたまま、ペンギンの体を九〇度ぐるりと横に倒すと、ほらマンボウになった。マンボウの体の上下に突き出た背びれと尻びれは、ペンギンの左右のフリッパーと同じく一対の水中翼として機能していた。

面白いことに、マンボウの背びれと尻びれは、ペンギンの左右のフリッパーと違って解剖学的に別の器官である。つまりマンボウは古今東西あらゆる生物の中で唯一、本来対ではない二つの器官を一対の翼として進化させていた。あのとぼけた姿かたちにはそんな意味が隠されていたのである。

またバイオロギングのデータを見ると、マンボウは水深一五〇メートルまで潜ったり、かと思えば水面まで浮上したり、せわしなく上下に移動し続けていた。マンボウの食べ物はおもに水中を漂うクラゲである。クラゲを効率的に探すために、マンボウは海の中を水平的にだけでなく鉛直的にも広く泳ぎ回っていることがわかった。

これほど頻繁な上下移動は、普通の硬骨魚類には見られない。一般的にいって硬骨魚類は上下の移動が得意ではない。彼らの浮力は浮き袋によって支えられているが、浮き袋の体積は水圧によって容易に変化してしまうからである。深く潜れば潜るほど、水圧によって浮き袋は圧縮され、浮力は減ってしまう。逆に浮上すればするほど、浮き袋は膨張し、浮力は急上昇してしまう。

これだ、と私は思わず手をぽんと叩いた。マンボウが浮き袋でなく、ゼラチン質の皮下組織によって浮力を得ていることの最大のメリットはこれである。ゼラチン質はほとんど水なので、水圧によって圧縮されたり膨張したりしない。だからマンボウは安定した浮力を保ったまま、自由に気の向くままに上下に動くことができる。マンボウの奇妙な体の造りは、やはりその独特の遊泳スタイルとがっちり結びついていた。

それでは最後に、マンボウの遊泳スピードを見てみよう。マンボウは世間一般のイメージではぷかぷかと水中を漂うのんびり屋ということになっているが、それが事実でないのは今まで見てきた通りである。ではスピードはどのくらいだろう。

今までのことを復習すれば、だいたい予想することができる。まず、すべての海洋動物のスピードは時速八キロ以下。とはいえマンボウは体温を高く保つことはない、いわゆる普通の変温動物だから、時速八キロよりはずいぶん遅いはずだ。かといって大槌湾は極域の海ではないから、時速一キロで泳ぐニシオンデンザメほどは遅くはないだろう。マンボウの体のサイズは巨大にもなるが、私が記録計を取り付けた個体は体重にして五〇キロくらいだったから、まあ普通の魚よりは大きい程度。それならば遊泳スピードも常識の範囲内の、時速二キロくらいではないかな。

はたしてバイオロギングのデータによれば、マンボウの平均的な遊泳スピードは時速二・二キロであった。

私と澤井君の愛した魚、マンボウ。見た目も、体の中の造りも、浮力も泳ぎ方でさえも奇妙奇天烈としか言いようがないのに、遊泳スピードだけはごく普通なのね。

第三章

測る

——先駆者が磨いた計測の技

バハマの悲劇

思い返すだけで脂汗のにじむ痛恨の失敗がある。

二〇一三年の春、私はキャット島というカリブ海の北方にある、バハマ国内の小さな島にいた。湾曲して伸びるヤシの木々を前景にして、白く輝く砂浜の先にライトブルーの海が広がり、写真を撮ればそのままポストカードになりそうな、地上の楽園。そう、場所は申し分なかった。

調査のターゲットはヨゴレという、ちょっとかわいそうな種名の付けられたサメ。ただし種名とはうらはらに、グレーの背びれや胸びれの先に白のワンポイントを入れたオシャレなサメである。レーザービームのような陽光が差し込む海中を、縞模様の熱帯魚をおもちゃの兵隊のように従えて泳ぐヨゴレは、シュノーケリングで見ると息をのむほど美しい。そう、動物も申し分なかった。

ヨゴレは一日のうちに三匹を釣り上げて、それぞれの背びれに記録計を取り付けて放流した。記録計は最新のビデオカメラと、深度や温度にくわえて加速度や地磁気まで計測する最上位クラスの機器を束ねたもの。さらに記録計をサメの体からタイマーで切り離した後、確実に場所を突き止めて回収できるよう、アルゴス人工衛星発信機も組み込んであった。つまりは現在入手可能な最新機材をすべて投入した豪華版。ラーメンでいえば全部のせ。

タイマーは三日のものを使った。三日後には記録計が切り離されて海面に浮き、インターネットを通してアルゴスの位置情報が送られてくるはずだから、ボートで回収に向かえばいい。記録計のセッティングも、浮力体の重量バランスも、サメへの装着方法も、すべてにおいてぬかりはないはず。大丈夫大丈夫、と自分に言い聞かせる。

三日後、心臓をバクバクさせながらホテルでパソコンを立ち上げ、アルゴスの位置情報をチェックする。結果はゼロ。三セットの記録計はすべてが音信不通。冷たい汗が一筋、スッと背中を滑り落ちた。たぶん切り離し装置がうまく作動しなかったのだろう。

五日後になって、一セットの記録計から位置情報が送られてきた。サメの体に付いた記録計には大きな水の抵抗がかかっているので、たとえ切り離し装置が作動しなくても、やがては自然に脱落して海面に浮かぶのが普通である。すぐにその場所にボートで向かうと、ピンク色に塗装された浮力体がアンテナを上にしてぷかぷかと浮かんでいて、回収成功。なんとか全滅はまぬがれた。

けれどもそれ以降は新たな信号は入らなかった。残り二セットが回収できなければ、ヨゴレの調査は惨敗である。それだけでなく、手持ちの記録計の多くをいっぺんに失くしてしまったことになり、今後の調査計画にも大きな支障をきたす。私は悪い夢でも見ているような気がして、青い海も白い砂浜もちっとも楽しめないまま、すっかり軽くなってしまったバッグを持って帰国する羽目になった。

話はそこで終わらない。帰国してもあきらめきれず、研究にも集中できず、うじうじとアルゴスのウェブサイトを一日に何十回もチェックしていたのだが、二週間ほど経ってから突如、信号が入りだした。しかも音信不通だった二セットがほぼ同時期に浮上したらしく、ウェブサイトには確かにバハマ周辺海域の緯度、経度が二点、表示されている！　私は大興奮して椅子から立ち上がり、すぐさま現地にいる共同研究者のブランドンにメールをして、回収に向かってくれないか打診した。

でも私にもわかってはいた。二点が二点とも、島から遠すぎる。現地の小型ボートではとても行けそうにないし、だからといって大型船をチャーターすれば、何百万円もかかってしまう。案の定、ブランドンからは残念ながら無理だという返信が来た。そこにあることはわかっているのに。そこにさえ行ければ、目の覚めるようなデータが手に入ることはわかっているのに。でも、行けない。

アルゴスの位置情報は毎日更新される。行けないとわかってはいても、私はうじうじと未練がましくウェブサイトをチェックし続ける。すると驚いたことに、漂流中の記録計はすごいスピードで——ときには一日に六〇キロという猛スピードで——流されている。バハマの東側は茫々と広がる大西洋であり、そちらに流されてしまったら手の打ちようがない。でももし西のほうに流されて、うまくどこかの島に漂着してくれたら、ブランドンに頼んで回収に行ってもらうことができるかもしれない。まだ希望は残っている。祈るような気持ちで毎日チェックを続けた。

二つの記録計のうちの一つは、きれいなJの字を海上に描いて、バハマ国内のサンサルバドル島に向かっていた。サンサルバドル島といえば、一四九二年に意欲に《イヨクニ》燃えるコロンブスが大西洋横断航海の末についにたどり着いた、大西洋とバハマ諸島との境界の島である。ここに漂着してくれれば回収できる！　私はいてもたってもいられない気持ちになった。

でも結局漂着はしなかった。島の南端わずか一キロ沖をかすめて西にそれ、北上を開始すると、あれよあれよという間にアクセス不能な大西洋の真ん中に流されていった。

もう一つの記録計はグレートアバコ島に接近していた。漂着する保証はどこにもないが、少なくとも島からボートでアクセスできる距離までは、確実に近づきつつあった。これがきっと最後のチャンス。この機会を逃したら、あとは海の藻屑になるだけ。そう直感した私は思い切ってブランドンにメールし、回収に向かってくれないか訊いてみた。交通費はこちらで出すから、なんとか頼むと懇願した。

彼は快諾してくれた。翌日の便でグレートアバコ島に飛び、現地でクルーザーをチャーターして、アルゴス位置情報の示す場所に向かってくれた。

けれども回収はできなかった。ウェブサイトを見ていると、ブランドンが現地に向かっている間にも記録計はどんどん北上し、グレートアバコ島をはるかに離れて、あっという間に大西洋の真ん中に流れ去っていった。

二つの記録計はその後、二カ月間ほど大西洋上を彷徨《さまよ》いながら位置情報を発信し続けたが、やがてぷつりと電池が切れて音信不通になった。

かくして一喜一憂を繰り返したヨゴレの調査は、痛恨の大失敗に終わった。手間をかけて準備した浮力体も、恐ろしくて値段を思い出したくない電子機器も、すべては海の藻屑と消えた。データとして手元に残ったのは、かろうじて回収できた一匹分のみ……。

バイオロギングの調査をしていると、機材の不具合で痛い目にあった経験は数え切れないくらいある。動物装着用のデジタルカメラがうんともすんとも反応しなかったこともあるし、リモコンで遠隔的に記録計を切り離すことのできる、新しいタイプの切り離し装置をアザラシに取り付けたものの、ちっとも作動しなかったこともある

（このときも記録計は海の藻屑になった）。そのたびに脂汗をかき、悪夢にうなされながら今までやってきた。

私だってできればそんな経験はしたくない。けれども完成された市販品ではなく、野心にあふれた試作品をいつもフィールドに持っていくバイオロギングの調査では、失敗はある程度避けようがない。失敗を受け入れることでしか、前には進めない。

電子デバイス技術がこれほど発達し、バイオロギングの調査スタイルがまがりなりにも確立された今でさえそうなのである。アナログからデジタルへの過渡期や、それ以前の時代の苦労はどれほどのものだっただろう。

そう考えてみれば不思議なのは、電子回路も内蔵メモリーもなかった時代に、どうやって動物の行動を測定したのだろう。そもそも誰がバイオロギングの手法を着想し、どのような筋道を経て現在のスタイルへと発展していったのだろう。

そこで本章はバイオロギングの先駆者たちの物語。バイオロギングはその性質上、他のどんな研究分野にもまして、科学技術の発展と強く連動しながら基礎が築かれてきた。だから先駆者たちに見られる共通の資質は、突出した頭脳ではなく、一〇年後を見通す洞察力と現実的な問題解決能力とを兼ね備えたバランスのよさである。そんな先駆者たちが新時代の科学を夢に描いて奮闘を重ねてきた歴史を、ざっと振り返ってみたい。そしてそれをもとに、バイオロギングの将来に思いを巡らせてみようと思う。

バハマの悲劇（私はそう呼んでいる）から一カ月後、ブランドンから一通のメールが届いた。あのグレートアバコ島への旅にかかった交通費の請求書がようやく揃ったから、よろしく支払ってくれという。スパムメールとして処理したかったけれど、そうもいかず、添付ファイルを恐る恐る開いてみる。中には航空券やら船のチャーター代やら燃料代やらのレシートがぎっしり入っていて、しめて七〇万円。イタタタ……泣きっ面にオオスズメバチ。

最初のひとしずく――生理学の巨人、ショランダー

バイオロギングの歴史はいつ、どのように始まったのだろう。

文献に残っている限り、世界で初めて野生動物に記録計を取り付けて行動を測定したのは、一九四〇年に論文を発表したスクリプス海洋研究所（アメリカ）のパー・ショランダー（Per Scholander）である。ショランダーの名前は一般にはあまり知られていないが、間違いなく生物学、とりわけ生命機能のメカニズムを研究する生理学の分野における巨人の一人だと思う。彼の業績はびっくりするくらい多岐にわたっており、なぜ樹木は重力に逆らって水を根から吸い上げることができるのか、なぜイルカはボートについてくるのか、なぜイヌイットは氷点下の住居でもすやすやと眠ることができるのか、などの例が挙げられる。ヒトも動物も植物さえも関係なく、興味の向くまま気の向くまま、縦横無尽に研究を展開していった観がある。研究分野が細分化された現代では、ここまで守備範囲の広い研究者はきっともう現れない。

彼の抱いた数え切れない素朴な——ほとんど小学生くらい素朴な——疑問の一つにこんなものがあった。なぜクジラやアザラシは長時間息を止められるのか。ヒトを含むその他多くの哺乳類とは何が違うのか。

そこでさっそく巧妙な実験デザインを組んで研究を始めてしまうところが、ショランダーの常人離れしたところである。彼は当時所属していたオスロ大学（ノルウェー）の地下の一室に特設プールをこしらえ、アザラシを飼育し始めた。そしてアザラシの体を拘束して水中に沈め、心肺機能にどんな変化が起きるのかを調べた。

変化は劇的だった。アザラシの顔が水面下に沈んだ途端、心拍数がみるみるうちに下がり、一分間に一〇拍という超スローペースで脈打つようになった。アザラシが息をこらえている間、その状態は続き、再びフーッと水面に顔を出して呼吸を始めると、心臓の動きも元に戻った。

「潜水徐脈」あるいは「潜水反射」という言葉で現在よく知られている現象である。海洋動物は潜水を始めた途端に心拍数が激減し、体中をめぐる血液の流れのパターンが変化する。脳や眼球のような生体機能の要となる部位の血流は維持したまま、手足の末端部や胃のような、とりあえず潜水中には必要不可欠でない部位の血流はスイッチが切られる。そうすることにより、体中のトータルの酸素の消費量が抑えられ、潜水時間を延ばすことができる。この現象を発見したのがショランダーその人であった。なお、アザラシのそれほど顕著ではないが、潜水徐脈は人間にも起こる。冷たい水を満たした洗面器に顔をつけるだけで心拍数が下がり、空気中でただウッと息を止める場合に比べて長く無呼吸に耐えることができる。試しに私もやってみたが、本当にそうなった。げに生物の体とは不思議なものである。

ショランダーは潜水徐脈の発見だけでは満足しなかった。そもそも自然界のアザラシの潜水能力はどれほどのものなのだろう。それを知らずにプールでの実験だけを繰り返しても、結局は机上の空論に終わってしまうと彼は考えた。

一九四〇年当時、アザラシやクジラなどの海洋動物がどれほどの深さまで潜っているのかは、ほとんど何もわかっていなかった。まれに漁網や海底ケーブルなどの人工物にひっかかって溺死するアザラシやクジラがいるので、少なくともその深さまでは潜れるのだろうと推測されていた程度である。

でもどうしたらアザラシの潜水深度が計測できるだろう、とショランダーは思考を巡らせた。海の中をスキューバで追いかける？　無理無理、アザラシは速すぎて人間にはついていけない。そうだ、アザラシの背中に深度計を取り付ければいい。人間がアザラシを観察するのではなく、アザラシにアザラシを観察させればいい。ショランダーによるこの発想の転換が、後年になって飛躍的に発展するバイオロギングの原点になった。

深度計というのはすなわち圧力計である。水中の圧力は、水面では一気圧だが、深さ一〇メートルで二気圧、二〇メートルで三気圧、三〇メートルで四気圧というように規則的に増えていく。だから圧力を測れば、それはそのまま深度に変換できる。

そして圧力は液体のつまったチューブの中に空気のかたまりが入ったシンプルな計器で測定できる。圧力が増えるほど空気のかたまりは圧縮されていくが、ボイルの法則にしたがって「圧力×体積」は常に一定である。だから空気の体積を目盛から読み取れば、そのときの圧力がわかる。

ショランダーは圧力計のチューブの中の液体に、インクで色を付けるという一工夫をこらした。そうしておけば、空気が最小でどこまで圧縮されたかを、チューブの壁面に付いた色の広がりから事後的に読み取ることができる。つまりアザラシの繰り返す潜水のなかで、最も深かった潜水の深度を記録することができる。

このシンプルな計器をショランダーはハイイロアザラシとズキンアザラシという北極圏の二種のアザラシの幼獣に取り付けた。成獣よりも扱いやすい幼獣を選んだのは、実験を簡単にしてデータを確実にとりたかったためだろう。また計器は回収して記録を読み取る必要があったので、アザラシは長いロープにつないだ状態で海に放した。自由な潜水行動をひどく束縛してしまうことにはなるが、初めてのデータをとるためには仕方のない譲歩だとショランダーは考えた。

そして無事、ハイイロアザラシとズキンアザラシの幼獣によってそれぞれ二二メートル、七五メートルという最大の潜水深度が記録された。一九四〇年、バイオロギングの源流になる最初のひとしずくがぽたりと落ちた瞬間である。

なお、一九四〇年といえば日本は日独伊三国同盟から太平洋戦争へと突き進む激動のさなかである。軍備を増強し、国の権益を周囲に拡大していくことが国家国民の最大の目標であった時代である。同じ時代に北欧では「アザラシは何メートル潜るか」という平和な実験が繰り返されていたとは、なんとも皮肉なことに思える。

ただし幸か不幸か、ショランダーという巨人の興味は他方面にも大きく広がっていたため、アザラシの行動測定をそれ以上展開させることはなかった。バイオロギングという扉の鍵は確かに彼が開けたが、中に入ることはなく、さっさと別の扉に向かってしまった。

鍵の開いたバイオロギングの扉を世界へ向けて大きく開け放ったのは、ショランダーより一世代後の三人の研究者たちである。彼らはそれぞれが独立してオリジナルの記録計を開発し、知られざる動物の生理や生態を次々と明らかにすることで、バイオロギングというツールのもつ無限の可能性を実証してきた。それだけでなく、次世代を担う研究者や技術者を育成し、バイオロギングの裾野を大きく広げる役割を果たしてきた。

「世界初」の冠こそ付かないけれど、その三人こそが本当の意味での先駆者だと私は考えている。アメリカのクーイマン、イギリスのウィルソン、そして日本の内藤――。

アザラシの潜水生理――ジェラルド・クーイマン

アメリカのジェラルド・クーイマン（Gerald Kooyman）はショランダーの開拓した潜水生理学（アザラシやペンギンが息を止めて潜水したときに起こる様々な生理的応答を研究する分野）を引き継ぎ、深め、今やその分野の世界的な権威になっている人物である。彼はそれだけでなく、動物専用の深度記録計を世界に先駆けて開発し、それを使ってアザラシやペンギンの潜水行動を測定した業績でも知られている。

でもそもそもなぜ、アザラシやペンギンの潜水を調べるのだろう。

潜水生理学の分野がとりわけアメリカで発展したのは、第二次世界大戦中に様々なミッションを帯びたスキューバダイバーが活躍するようになり、潜水病という致死的な結果をもたらす謎の病の克服が喫緊の課題であったからである。

今ではよくわかっていることだが、高い水圧に長時間さらされたスキューバダイバーは、浮上時に潜水病の危険にさらされる。潜水病とは、血中に溶け込んだ窒素が気化して泡を生成し、毛細血管をふさいでしまう病気である。スキューバタンクを使わない素潜りであっても、急激な加圧、減圧が過度に繰り返されると危険この上ない。それなのになぜか、アザラシが潜水病で苦しんでいるという話は聞いたことがない。クーイマンは一九六〇年代にこの点に興味をもって研究をすすめていた。偉大すぎる先輩、ショランダーの方法にならい、プールで飼育しているアザラシを水の中に沈め、心拍数、血流、血中の酸素量や乳酸の量などをモニタリングする。息をこらえているアザラシの体にどんな生理的な応答が起こるのか、そしてそれは潜水病とどう関連するのか。アザラシをモデルにすることで、潜水病のメカニズムや回避法をより深く理解できるだろうとクーイマンは考えていた。

しかしクーイマンもショランダーと同様、アザラシの実験を繰り返していくうちに手法の限界を痛感するようになった。水槽での仮想潜水と実際の潜水とは、シャドウボクシングと実際のボクシングほどにかけ離れている。体を拘束されて水面下でじっと息を止めているアザラシは、足ひれを振って自由に泳ぐこともなければ、水圧の変化を経験することもない。あまつさえ自分で潜水時間を決めることもできない。

クーイマンは野生のアザラシの自由な潜水を記録しようとしたショランダーの挑戦

をもう一度思い出した。結果的にはショランダーの実験は成功とは言い難い。潜水能力の未発達な幼獣を使って、しかも逃げられないようロープで動きを束縛した状態で、最大潜水深度をただの一回記録して終わっている。それでもショランダーは、シャドウボクシングではない実際のボクシングに挑戦し、動物に記録計を取り付けるというアプローチが技術的には可能であるということを実証してくれていた。

かくしてクーイマンはアザラシの体に取り付ける記録計を自作することを決意した。

キッチンタイマーを使った深度記録計

現在のバイオロギング機器はあまねくデジタル化しており、計測値はデジタルデータとして内蔵メモリーに記録される。データはパソコンにダウンロードされ、計算ソフトを使って解析処理がなされる。

しかしクーイマンがオリジナルの記録計を自作した一九六〇年代初めは、まだデジタル革命など兆しさえなく、すべてがアナログ式であった。

前述のように深度を知りたければ水圧を計測すればよく、水圧は空気の圧縮を利用した圧力計でたやすく測ることができる。ただしクーイマンにとって、大きな課題が三つあった。まず、深度の時々刻々の変化を記録しなければならない。次に、装置全体をアザラシの体に無理なく取り付けられる大きさに収めなければならない。さらに、装置はアザラシから回収しなければならない。

クーイマンは知り合いの時計の修理工に相談しながら、小さな円形の曇りガラスをゆっくりと回転させ、そこに水圧の変化を書き込んでいくからくりを考案した。曇りガラスを回転させるためには、市販のキッチンタイマーを買ってきてばらし、コチコチと音を立てながら回転する機構を借用した。これを金属のケースに入れたものが、クーイマン式記録計の記念すべき第一号である。

クーイマンはそれを、自らの研究プロジェクトを展開させていた南極のアメリカ基地に持ち込み、ウェッデルアザラシに取り付けた。ウェッデルアザラシは天敵がいないため、南極の氷の上でナマコのように横になってくつろいでいる。捕まえて記録計を取り付けるのは造作もなかったし、また数日後に再捕獲して記録計を回収することもできた。意外なことに、機器を回収しなければデータが得られないという最大のネックは、南極という特殊なフィールドでは問題にならなかった。

かくして彼は一九六三年にウェッデルアザラシの潜水行動を記録することに成功した。二〇年以上前のショランダーの実験とは違い、立派な成獣のアザラシを使ったし、ロープでアザラシの動きを束縛することもなかった。それに深度の最大値ではなく、時々刻々の深度の変化を記録することができた。偉大な先輩の研究手法を摸倣しながら、しかし研究の質は格段に向上させたことになる。

二シーズンにわたってデータを蓄積させたクーイマンは、ウェッデルアザラシがときには深さにして六〇〇メートル、時間にして四三分ものスーパー潜水をしていることを明らかにした。六〇〇メートルといえば東京スカイツリーの高さである。アザラシは息を止めたまま東京スカイツリーのてっぺんから潜り始め、ゆらゆらと泳いで地上にたどり着いてから折り返し、てっぺんまで泳ぎ戻ることができる。四三分といえばテレビドラマ一話分の長さである。アザラシはテレビドラマの始めから終わりまで、ずっと息を止めることができる。この驚くべき結果を彼は一九六六年に『サイエンス』誌上に発表した。

現在、バイオロギング機器は世界各国の企業によって競い合うように開発されているが、そのすべての原型は半世紀前に開発されたクーイマンの深度記録計にある。最新のデジタル式の記録計も、ありていに言ってしまえば、クーイマンの記録計をデジタル化し、小型化し、測定項目や記録時間を増やしたものに過ぎない。

それにしても意外なことに、バイオロギングの原点はアザラシの潜水にあった。シヨランダーにせよクーイマンにせよ、酸素呼吸の観点からアザラシの潜水を詳しく調べたいと考えた生理学者が、バイオロギングという手法を発想し、機器を開発したのである。そしてバイオロギングを使って潜水生理の謎に挑戦する流れは、おもにクーイマンの弟子や孫弟子たちを通して、今も脈々と受け継がれている。

しかしそのいっぽうで、動物は海の中で何をしているのかという生態学的な観点から、バイオロギングの手法を着想し、オリジナルの計測器を開発して新しい世界を切り開くに至ったもう一つの流れも確かに存在する。その元祖がイギリスのローリー・ウィルソンである。

ペンギンの生態学――ローリー・ウィルソン

イギリスのスウォンジー大学で現在、教授を務めているローリー・ウィルソン（Rory Wilson）は海鳥の研究者である。ペンギンなどの海鳥がどのような環境のもと、何を食べ、どのように次世代に命をつないでいるかという生態学的な観点から、バイオロギングを初めて研究手法に取り入れた人として知られている。

彼は先駆者であるだけでなく、バイオロギングの黎明期から現在に至るまでの数十年間、常に先頭を走り続けてきたトップランナーでもある。そのアクティビティの高さといったら彼にだけ一日が四八時間あると思えるほどで、新たなセンサーを搭載したバイオロギング機器を開発し、会社を立ち上げて普及を図るいっぽうで、それを使った調査結果を次から次へと流れ作業のように論文にし続ける。かと思えば五～六カ国語を自由に操る秀才であり、学会で会えばジョーク混じりのマシンガントークは止むことがない。

ウィルソンは一九八〇年代初めにイギリスの名門オックスフォード大学を卒業したあと、南アフリカに渡って本格的な研究活動を開始した。当時のイギリスはワトソンとクリックによるDNAの二重らせん構造の発見から始まった、分子生物学の隆盛の時代。そのため生態学者が国内で職を得るのはたいへん難しく、宗主国の立場から南アフリカ、オーストラリア、カナダなどに出て行くことがよくあった。

南アフリカの海岸にはケープペンギンというペンギンが暮らしている。もともと海鳥の生態に興味を持っていたウィルソンは、早速ノートと鉛筆を手に観察を開始した。ペンギンは巣のスペースを巡って種内で激しく争ったり、食べ物を欲しがる子ペンギンが親ペンギンを追いかけまわしたり、とにかくおもしろい行動をたくさん見せる。ウィルソンはそれらを逐一記録していった。

しかしやがてウィルソンはこの研究手法に限界を感じ始める。生態学の目的は、つきつめて言えば生物の生死を理解することである。ペンギンが厳しい自然の中で、どのように獲物を捕り、天敵を避け、次世代に命をつないでいくかを調べることこそが重要である。それなのにペンギンの生存に関わる出来事のほとんどすべては海の中で起こるため、観察することができない。陸上で容易に観察ができる巣の周りでの行動など、しょせんは枝葉末節に過ぎないのではないかとウィルソンは考えるようになった。

こうしてウィルソンはクーイマンとは異なる動機から、しかしクーイマンと同一の結論にたどり着いた。ペンギンの水中での行動を計測する手段を考案せねばならない。

破天荒なアイデア

ケープペンギンをターゲットに定めたウィルソンの機器開発は、ウェッデルアザラシを対象としたクーイマンのそれに比べてずっと厳しい条件下にあった。ケープペンギンはウェッデルアザラシと比べると体重がわずか一〇〇分の一しかないから、記録計もそれ相応に小さくなければならない。それにアメリカ政府から少なからぬ研究費を受けているクーイマンに対し、南アフリカを拠点とするウィルソンにはひどく限られた資金しかなかった。

ウィルソンは当時、スキューバダイビングで使われていた深度計に目を付けた。深度計といっても一九八〇年代のことだから、今の腕時計型ダイブコンピュータのようなデジタル機器ではなく、液体のつまったチューブの中に空気のかたまりが入った純粋なアナログ機器である。

一般的にいって、市販品は市場経済の荒波をくぐり抜けてきた勝者であり、手作りの品に比べて完成度もコストパフォーマンスも圧倒的に高い。だからいい記録計を安く作ろうとすれば、一から手作りするのではなく、使えそうな市販品を購入し、それを目的に適うように改良するしかないとウィルソンは考えた。

ただしスキューバダイビングの深度計は現在の深度の値を表示するだけなので、そのままでは使えない。ペンギンに取り付けて潜水行動を計測するためには、深度の値を時間を追って記録し、事後的に読み取れるような仕掛けが必要である。そしてそれこそがウィルソンの最大の工夫であった。

先述のように深度計は水圧によって空気が圧縮される現象を利用している。水圧がかかって内部の空気が圧縮されるにつれ、液体と空気との境界ラインが移動する。だからその位置を読み取ることによって水圧、すなわち深度がわかる。

ウィルソンは液体と空気の境界ラインに放射性物質を塗りつけ、下にレントゲン用のフィルムを敷いた。水圧を示す境界ラインが移動すれば、それにともなって放射性物質も移動し、その位置がフィルムに徐々に焼き付けられていく。ということは、フィルムに焼き付けられた影の位置からは、動物の潜った深度を事後的に読み取ることができるし、影の濃淡からは、その深度の累積された滞在時間を推定することができる。放射性物質を使うという破天荒なアイデアこそ、現在ではとても許可されないだろうけれど、ウィルソンの面目躍如だと私は思う。

自作の深度計で測定したケープペンギンの潜水の記録をウィルソンは一九八四年に発表した。当時、改良を加えて小型化されたクーイマンの記録計がエンペラーペンギンという世界最大のペンギンに取り付けられていたが、それを除く小〜中型サイズのペンギンでは初めての潜水記録であった。

生理学者のクーイマンと生態学者のウィルソンは奇《く》しくも、バイオロギングという同じ土俵にいつの間にか立っていたことになる。

ウィルソンがオリジナルの記録計の開発に成功し、またクーイマンが自分の記録計の改良を繰り返していたちょうどその頃、日本にも動物専用の小型記録計の開発を進めている一人の研究者がいた。インターネットのない時代であり、彼はクーイマンのこともウィルソンのことも知らなかったが、それでもクーイマン式よりも高性能で、ウィルソン式よりも小型の計測機器を作っていた。

アザラシの生態——内藤靖彦

私がバイオロギングの世界に足を踏み入れたのは、東大の学部四年生だった二〇〇一年、農学部の青木一郎教授（当時）を通して内藤の誘いを受け、国立極地研究所を訪れたのがきっかけである。

当時、内藤は極地研究所の教授として南極のウェッデルアザラシにカメラを取り付けるプロジェクトを進めていた。カメラといっても船員の使う大きな双眼鏡をさらに厳《いか》めしくしたような形をしていて、手のひらほどもある巨大なモンキーレンチで蓋を開け、電子回路をむき出しにしてパソコンに接続するようになっていた。これをアザラシに付けるんだと内藤は目を輝かせて語ってくれたけれど、何も知らない当時の私はぽかんとするばかりである。アザラシにカメラ？　何のこっちゃ。

極地研究所の棚の中には内藤がデータロガーと呼ぶ黒い筒状の物体がみっしりと並んでいた。長いもの、短いもの、プロペラの付いたもの、電極が突き出たものなど、いろいろなタイプがあった。何だかよくわからないが、内藤たちのグループは自分たちで装置を工夫してアザラシを調べているのだなと、それくらいの第一印象であった。けれどもげに人生は予測不能である。それから十余年たった今、私はバイオロギングの世界にすっぽりと身を沈めているだけでなく、極地研究所に就職までしてしまい、内藤が退職した後の研究グループを背負って立っている！

一九八〇年代にクーイマンやウィルソンとは独立して、しかもより小型でより高性能な記録計を開発していたのは内藤靖彦である。彼は極小のダイアモンド針を使ってロール紙に深度の記録を書き込んでゆく、超精密な機械仕掛けの深度記録計を開発した。それだけでなく、一九九〇年代初頭には世界に先駆けて記録計をデジタル化することにも成功した。そしてその後も心拍数記録計、加速度記録計、ビデオカメラなど新機軸の計測機器を世に出し続けており、新しいセンサーや記録方式のアイデアは御年七〇を超えた今も止むことがない。

だからここで内藤が初期型記録計を作り上げるまでのストーリーを詳しく紹介するのは、一つにはそれがバイオロギングの歴史の確かな一ページだったからだし、もう一つには私自身の人生が内藤と深いところでつながっていると思うからである。

内藤は一九六九年に東京大学海洋研究所の大学院に進学し、アザラシの生態の研究を始めた。指導教官の西脇昌治教授（当時）は日本における海生哺乳類の研究の礎を築いた一人である。

北海道の沿岸では五種類のアザラシを見ることができるが、そのうちのゴマフアザラシとゼニガタアザラシとは姿かたちがよく似ているため、当時は同じ種内の亜種に分類されていた。ゴマフアザラシは海氷の上で子どもを産み、ゼニガタアザラシは岩場で出産するという違いはあるものの、それはあくまで種内のマイナーな変異だと考えられていた。当時の文献を見ると、ゴマフアザラシは「氷上繁殖ゴマフアザラシ」、ゼニガタアザラシは「陸岸繁殖ゴマフアザラシ」とそれぞれ記述してある。

大学院生の内藤は北海道沿岸でその当時に操業していたアザラシ狩猟船に乗り込み、毛皮を採集するために狩られたアザラシの死骸をどっさり集めた。そして形態を詳しく調べた結果、ゴマフアザラシとゼニガタアザラシとの間には、舌骨と呼ばれる首の部分の骨の形に明瞭な違いがあることを発見した。のちに内藤のこの発見を一つの根拠として、両者は別種であるとアメリカ人の研究者によって判定された。
しかしそれでも内藤の気分は晴れ晴れしくはなかった。これで本当にアザラシを理解したことになるのだろうか。内藤の頭に浮かぶのは、氷の上で休んでいても何かあるとすぐにぽちゃりと海に飛び込んでしまうアザラシの姿である。彼らは生活の大半を海の中で過ごしているのに、その様子を観察することはできない。なんと歯がゆいことだろう。

奇しくもウィルソンが南アフリカのペンギンに抱いた気持ちを、内藤は北海道のアザラシに対して抱いていた。

しかし内藤はすぐに記録計の開発に着手できたわけではない。一九七二年に学位を取得したものの、アザラシの専門家を雇ってくれる大学や研究所はほとんどなく、職探しに苦労したからである。

幸いにして東京水産大学（現東京海洋大学）の小湊実験場（現在は千葉大学に移管されている）の助手として雇ってもらえることになり、そこで彼は五年間、魚を使った実験や学生向けの海洋実習などを手伝ういっぽうで、手持ちのアザラシのデータをまとめて論文にしていく作業に取り組んだ。それはそれで充実した日々であった。けれどもアザラシの潜水を調べたいという野望は抑えがたく、内藤の心の奥底でちろちろと淡い光を放っていた。

そんな折、思わぬ職の誘いが内藤のもとに届けられる。国立極地研究所の生物グループの助教授である。極地研究所はその名の通り、南極や北極をフィールドとする研究所。その生物グループといえば、どうぞアザラシを研究してくださいと言っているような職である。内藤は二つ返事で承諾し、一九七六年に極地研究所に移った。

日本は南極に昭和基地という観測基地を持っているが、昭和基地をベースにした観測事業を維持、運営しているのが国立極地研究所である。その職員になれば、自ら進んで南極観測隊の一員となり、昭和基地のインフラ整備や現地での観測事業を進めていくことが求められる。

私自身が極地研究所の職員なのでよく知っているが、極地研究所の一番の仕事は南極へ行くことである。それは今でもそうだが、内藤が就職した当時は研究所の設立からいくばくも経っておらず、人員が揃っていなかったため、さらに輪をかけてそうだった。日本の南極観測隊は夏隊なら五カ月、越冬隊なら一年と五カ月の長丁場である（オーストラリアまで飛行機で飛ぶ現在の観測隊の日程は一カ月ほど短い）。それを繰り返せば当然、日本にはろくにいないことになる。内藤の世代の極地研究所の職員はだいたい、三〇〜四〇代の頃に子育てをほとんど手伝えなかったため、今でも奥さんには一ミリたりとも頭が上がらない。

しかしそのような大変さがあったにせよ、自分の長年の夢を実現する環境をついに手に入れたことを内藤は嬉しく思った。南極出張の隙間の時間を利用して、彼は念願だった記録計の開発に着手した。

超精密の機械仕掛け

内藤の機器開発が目指す方向は当初からはっきりしていた。一に小型化、二に小型化である。野生動物の調査を革新するツールがあるとすれば、それはアザラシだけでなくどんな動物にも装着可能な超小型の記録計の他にない。それは三〇年以上前の当時から今に至るまで、内藤が変わらず持ち続けている強い信念である。

そして小型化を成し遂げるための最大の鍵は、一九八〇年当時、地殻変動のようにゆっくりと進行しつつあったデジタルへの移行であると内藤は考えていた。当時はまだそのほんの兆ししか身近には感じられなかったが、質的にも量的にも次元の異なるデジタルデータが津波のように押し寄せてくる時代がやがて到来し、科学研究の進め方が根本的に変わってしまうことを、内藤は予感していた。

だから内藤は当初からデジタルの記録計開発を視野に入れていた。ただし当時は関連の電子技術が未発達であり、それを無理して推し進めるとなると、アナログ式よりもかえって装置が大きくなってしまうことが判明した。いまだデジタル革命の機は熟していなかった。

そこで彼はデジタル化は近未来の課題にとっておいて、今はアナログ式を突き詰めることで、誰も作ったことのない超小型の記録計を作ろうと決意した。このあたりの決断力や将来を洞察する力は内藤の面目躍如である。内藤はよく私に向かって「一〇年後、二〇年後の大きなゴールを見据えて研究しろ」と言ってくれるが、本人は確かにそのように生きてきたのだから、返す言葉がない。

そうして彼は複数の精密機器メーカーと相談しながら開発を進めた。記録計の内部でロール紙を回転させ、ペンで時系列グラフを描いていくというスタイルは、早くから決定していた。ならばそれを極限まで小型化するための鍵は、ペン先をどこまで細くできるかである。レコードの針など様々な材料を試したのちに、半導体業界で当時使用されていたダイアモンド針にたどり着いた。それを使えば線幅七ミクロンという超細密線を描くことができた。

そのようにして一九八四年、すべてが新しい内藤型の記録計ができあがった。それは芸術品といえるまでに精密を極めた機械式のレコーダーであった。金属製のハウジングの内部で、幅わずか八ミリのロール紙が電池の力でゆっくりと巻かれていく。そしてその紙の上に極小のダイアモンド針が圧力の変化を書き込んでいく。

内藤はそれをさっそく南極の昭和基地に持ち込み、アデリーペンギンに取り付けた。昭和基地の周りにはウェッデルアザラシもいるが、小さな記録計の有用性を実証するにはアデリーペンギンのほうがよかった。なお、その二四年後、私自身も最新鋭の動物用ビデオカメラを携えて同じアデリーペンギンの調査地を訪れたのだから、奇縁を感じずにはいられない。

かくして内藤は世界最小の記録計を使い、世界最高精度の深度データを得ることに成功した。データは一九九〇年に論文として発表され、観察することのできない海洋動物の潜水パターンを初めて詳細に報告した、画期的な仕事になった。

長期間記録への挑戦

ペンギンの成功で勢いにのった内藤は、次の挑戦として、長時間の記録が可能な記録計の開発にとりかかった。

それまでに作られた記録計は記録時間がひどく制限されていた。クーイマンの記録計は初期型では一時間しかもたなかったし、その後の改良を経ても一〇日間程度の記録が精いっぱいであった。アデリーペンギンに取り付けた内藤の記録計は、最長で二五日間の記録が可能だったが、それでも内藤は満足しなかった。それは次のターゲットとして、キタゾウアザラシの姿が脳裏に浮かんでいたからである。

キタゾウアザラシはカリフォルニアの海岸で見ることができる、巨大なアザラシ。とはいっても一年中そこにいるわけではなく、たとえばメスの成獣の場合、二月から五月にかけてと六月から一月にかけての都合一〇カ月間ほどは海岸からドロンと姿を消す。人に喩えるならば一年のうちの一〇カ月を出張で過ごす筋金入りのビジネスマンである。

アルゴス人工衛星を使ったバイオロギング調査により、今では海岸にいない時期は広大な太平洋を一万キロにもわたって回遊していることがわかっている。けれども一九九〇年当時はまだ、キタゾウアザラシがいったいどこで何をしているのかはまるきりわかっていなかった。そしてそれを突き止めたいアメリカの研究者が、精密な記録計の技術をもつ内藤に協力を求めていた。

内藤は記録時間を延ばすため、アデリーペンギンの記録計を一回り大きくしてロール紙の長さを延ばした。くわえてダイアモンド針をさらに極限まで小型化し、より経済的にロール紙が使えるようにした。そのような大小様々な工夫を重ねることにより、一九八六年、三カ月以上の連続記録が可能な新型記録計ができあがった。

新型記録計の成果は劇的な形をもって表れた。キタゾウアザラシは海岸から姿を消している二カ月半の回遊の間、昼夜を分かたず深さ四〇〇〜六〇〇メートルもの潜水を都合五〇〇〇〇回も繰り返していることが明らかになった。いつ寝ているのだろう？　なぜそこまでするのだろう？　どうして潜水病にかからないのだろう？　新たな疑問が次々と湧いてくるのはデータのすばらしさの何よりの証である。それらの疑問に答えるための調査は今も行われているから、内藤の成し遂げたキタゾウアザラシの連続潜水記録は、バイオロギングの歴史の確かな一ページだったと言える。

アナログからデジタルへ

前述のように私がバイオロギングの世界に足を踏み入れたのは二〇〇一年の夏のことだったから、内藤がアデリーペンギンやキタゾウアザラシの潜水の記録に成功してから、一〇年以上の時が経過していたことになる。そのときに私が見た記録計は、既にすべてがデジタル式であった。データは紙に描かれるのではなく、デジタルな数値として内部のメモリーに保存され、パソコンにダウンロードされる。のちの解析処理やグラフ化の作業もすべてパソコンで行う。現在も続いているそのスタイルは、二〇〇一年の時点で既に完成されていた。

ダイアモンド針を使った機械式の記録計は現役を遠く退き、骨董品としての余生を送っていた。内藤はそれも見せてくれたのを覚えているが、繰り返し使われてひしゃげたライトブルーの金属体で、デジタル式のものよりもはるかに大きくて、重かった。さらに内藤は「昔はこんなだったんだ」といって銀色をした極細のロール紙を持ってきた。目を凝らして見ると「U」の字を横に何百も連ねたような模様が、髪の毛ほどの細いペンでびっしりと書き込まれている。キタゾウアザラシの潜水記録である。横方向が時間の経過を表し、縦方向が深度を示しているから、一つの「U」の字が一回の潜水を表している。この紙を拡大コピーし、定規を当てて潜水時間や潜水深度を詳しく調べていたんだと内藤は説明してくれた。

デジタルとアナログとではかくも大きな違いがあることは、バイオロギングの右も左もわからなかった当時の私でさえ、一目瞭然であった。

一九八〇年代後半に話を戻そう。アデリーペンギンやキタゾウアザラシの記録に成功した後の内藤の最大のチャレンジは、記録計のデジタル化であった。一九八〇年代後半といえば、数字や文字を扱うほとんどあらゆるシステムが急速にデジタル化した時代である。大学や企業の研究所でも計測値や計算結果は直接グラフに出力されるのではなく、デジタルデータとしてコンピュータに保存されるようになってきていた。そして前述のように内藤はデジタル革命の到来をそのずっと前から予感し、待ち構えていたのである。

バイオロギング機器をデジタル化することができれば、そのメリットは計り知れない。まずロール紙やペンが小さな電子回路やメモリーに置き換わるので、記録計全体をぐっと小型化することができる。それに深度だけでなく、温度や速度などの複数のパラメータを同時に記録することもできる。さらに今までとは桁違いの大量のデータを記録し、コンピュータを使って大量に解析させることもできる。

そう考えた内藤は世界に先駆けて記録計のデジタル化に乗り出した。今まで培ってきた小型ペンレコーダーの技術はすべてさっぱり水に流し、関連の業者とも縁を切り、まったくの一から人的ネットワークの構築やノウハウの蓄積を始めるわけだから、大きな賭けだった。

一介の研究者の夢みたいな仕事に、大企業はとても付き合ってくれないだろうと内藤は考えた。でも大企業を離れて面白い仕事を探している技術者は、必ずどこかにはいるはずだ。そしてそういう人たちを知っているのは、卒業生をたくさん送り出している工学系の大学の先生だろうと考えた。そこで内藤は知り合いの大学の先生に相談をもちかけ、大企業を離れて自由に仕事をしている人材を何人か紹介してもらった。そのようにして内藤はリトルレオナルド社という、その名の通りに小さな会社を経営する鈴木道彦さんに巡り合った。鈴木さんは最新の電子回路やデジタルの技術に明るいだけではなく、センサーや防水の技術もよくわかっていた。また自分の守備範囲を超える問題は人的ネットワークでカバーする柔軟性も持ち合わせていた。そして何より内藤の情熱に賛同し、成功するか失敗するかもわからない挑戦に一蓮托生の覚悟で付き合ってくれた。

二〇〇一年の夏、私が初めて極地研究所を訪問した際に見た様々なタイプの記録計は、奇妙な形のカメラも含め、すべてリトルレオナルド社の製品だった。その後私はバイオロギングの研究分野に身を置いて、今に至るまでに数えきれないくらいの記録計を使ってきたが、そのほとんどがリトルレオナルド社の製品である。

北海道のアザラシに魅せられ、海の中の生態を知りたいと願った大学院生、内藤の情熱は四〇年以上経った今、リトルレオナルド社の製品として具現化している。

先駆者たちの法則

ここで先駆者たちがバイオロギングという研究手法にたどり着き、確立させていくまでの流れをまとめておこう。

世界で初めてのバイオロギング調査を行ったのは、潜水徐脈の発見で知られる生理学の巨人、ショランダーである。潜水中に起こる生理的応答に深い関心をもっていた彼は、自然の海でアザラシがどのくらいの深さまで潜っているのかを調べるため、一九四〇年頃にシンプルな深度記録計をアザラシの幼獣に取り付けた。ただし実験は予備的な段階で終わっており、彼はその後の経歴を通しても、それ以上深入りすることはなかった。代わりにバイオロギングの扉を開いたのは、戦後に現れたクーイマン、ウィルソン、内藤の三人である。

クーイマンはショランダーの流れを汲むアメリカの潜水生理学者である。南極のウェッデルアザラシの潜水行動を調べるために、深度を連続的に記録する計測機器を一九六〇年代初頭に自作した。その機器のおかげでアザラシやペンギンの驚くべき潜水能力が明らかになり、それを可能にする生理メカニズムの解明も飛躍的に進んだ。

ウィルソンはイギリス生まれの海鳥の生態学者である。ペンギンをはじめとする海鳥が海の中で何をしているのかという生態学的な興味から、一九八〇年代初頭にオリジナルの記録計を自作した。予算の制限が大きかった彼は、市販の深度計に放射性物質を塗りつけるという独創性あふれるやり方でそれを成し遂げた。その後も数え切れないくらいの記録計を開発し、また読み切れないほどの論文を発表している、まぎれもないバイオロギングのトッププランナー。

内藤は日本の国立極地研究所で記録計の開発を始めた生態学者である。大学院生の折に北海道沿岸にすむアザラシの生態を研究したのがきっかけで、海洋動物の水中での行動に深い関心をもち、それを計測するための記録計を一九八六年に作り上げた。金属製のハウジングの内部で極小のダイアモンド針が動き、ロール紙に圧力を書き込んでいくという超精密な機械式の記録計であった。内藤はまた、デジタル革命の到来を早くから予感しており、一九九一年には世界に先駆けてデジタル式の記録計の開発に成功した。そして現在に至るまで、より小さく、より高性能で、より有用なパラメータを計測できる新たな記録計を開発し続けている。

現在のバイオロギングは魚から哺乳類まで、様々な動物たちを対象としているが、バイオロギングの手法が開発されたもともとの動機は、おもに南極にいるアザラシやペンギンの潜水行動を計測することだった。南極のアザラシやペンギンは比較的体が大きいうえに、警戒心が弱くて捕獲がしやすいというメリットが大きかった。

先駆者たちが研究に向かう態度として共通しているのは、本当に目指すべき方向に自分がいま進んでいるか、自問自答を繰り返す姿である。そしてそうでないと判断された場合には、現状を断ち切って方向を修正する行動力。つまり彼らは共通して、一〜二年後の近未来を見据えた現実的なプロジェクトを動かしながら、実は複眼的に一〇年後、二〇年後のより大きなゴールをしっかりと見定めていた。

その動物、もう一度捕まえられる?

内藤が一九九一年に記録計のデジタル化に成功して以来、電子デバイス技術のめざましい進歩にひっぱられるようにして、バイオロギング機器はものすごいスピードで進化している。内蔵メモリーの容量増加のおかげでより長時間、より高頻度の計測が可能になったし、センサーも改良がすすんだために記録計のサイズがさらに小型化した。深度に加えて温度、速度、加速度といった複数のパラメータが同時に計測できるようになったほか、心拍数、GPS、ビデオカメラといった新機軸の記録計も次々と現れた。

しかしいくらバイオロギング機器の性能が向上しても変わらないのは、機器を回収しなければデータが得られないという事実である。確かに第一章で紹介したように、記録計から人工衛星へデータを飛ばし、インターネットを介して研究者の手に届けるシステムは既に実用化している。けれどもデータの通信速度の制限から、そのような手法で得られるデータはごく軽いものに限られており、たとえば深度のようなシンプルな数値データでさえ満足には送れない。ましてや写真やビデオのデータが重すぎて送れないのはいうまでもない。

バイオロギングが警戒心の弱い南極のアザラシやペンギンをおもなターゲットとして発展してきたことは、これまで述べてきた通りである。私も調査したことがあるのでよく知っているが、南極のウェッデルアザラシのリラックス具合はものすごい。ホッキョクグマのいる北極と違って、南極には天敵がどこにもいないので、一日のうちの何時間かを潜水に費やして獲物を捕ったら、あとは天下泰平の氷上に寝そべって日向ぼっこを決め込む。私たち研究者が近づくと、頭を持ち上げてこちらを向くくらいのことはするが、逃げることはない。だから捕獲して記録計を取り付け、しばらく自由にさせたあとで再捕獲し、機器を回収するというサイクルが容易にまわせる。

ペンギンも同じである。彼らにとっても人間の存在など、そのへんに落ちている石ころみたいなものだろう。興味をそそられるものでなければ、恐れるものでもない。

だからペンギンはタモ網ひとつで簡単に捕まえられるし、記録計の回収のための再捕獲も容易にできる。

ただし正確に言えば、アザラシにせよペンギンにせよ、記録計の取り付けと回収が容易にできるのは、子育ての時期に限られる。親アザラシや親ペンギンは獲物を捕るために海に出て行くが、数日後には我が子のもとに戻ってくるので、子どもの場所さえ押さえておけば再捕獲することができる。逆に子育て以外のシーズンは、アザラシもペンギンも一つの場所に留まる理由はなく、獲物を求めて放浪するので、よほどのラッキーでもない限り再捕獲は難しい。

たとえばタヌキやシカなどを想像してみればわかるように、世界中の野生動物のほとんどは南極のアザラシやペンギンとは違う。彼らはおしなべて警戒心が強く、人が近寄るとすぐに逃げてしまうので、簡単には捕まえられない。ましてや記録計を取り付けた動物をもう一度見つけ出し、狙い澄ましての再捕獲など、ほとんど不可能に近い。

だからそのような普通の動物たちにもバイオロギングの応用範囲を広げるためには、記録計を回収する手段を確立せねばならなかった。もしそれができなければ、バイオロギングは世界の果ての南極でのみ有効な、はなはだ一般性を欠いた調査ツールで終わっていたことになる。

ここからしばし、私自身の研究の話をしてみたい。再捕獲できない動物のバイオロギングに挑戦した、大学院生の頃の私の話——。

バイカルアザラシ調査の始まり

私が自分自身のテーマを持って本格的に研究活動を開始したのは、東京大学海洋研究所に大学院生として進学した二〇〇二年のことであった。極地研究所を訪問してバイオロギングの存在を知った、あの年の翌年である。

指導教官である宮崎信之教授（当時）はクジラやアザラシなどの海生哺乳類の生態を専門とする研究者であり、当時、国内外で様々な研究プロジェクトを展開していた。その中の一つにロシアのバイカル湖を舞台とした研究プロジェクトがあり、その一環として、バイカル湖に生息するバイカルアザラシの生態を調べようと計画を練っているところであった。

狭い日本の研究コミュニティではよくあることだが、宮崎自身も三〇年ほど前に海洋研究所で大学院を修了しており、そのときの五年先輩にあの内藤靖彦がいた。宮崎と内藤は互いが大学院生だった時代が光陰矢のごとく過ぎ去り、互いが教授と呼ばれる身分になっても、しばしば会ったり電話したりしては研究の夢を語り合っていた。

しかし宮崎は東京大学の教授として忙しく、内藤は極地研究所の教授として忙しかった。二人が共同して研究に取り組む計画はたびたび話題には上るものの、実現されないまま長い時間が経過していた。

私がひょっこりと進学してきたのはそんなときだった。これといった知識もなければ技術もないただの一学生に過ぎなかったが、タイミングだけは抜群だったのだろう。私を介して宮崎と内藤との共同研究の計画がまとまった。つまり内藤の開発した記録計を私が持って、宮崎のフィールドであるバイカル湖に行き、バイカルアザラシの潜水行動を調べるという計画である。私としても、まさか駆け出しの大学院生の身分でバイカル湖ほどの大自然のフィールドに行けるとは思ってもいなかったので、「もちろんやります」と胸を弾ませた。ただ肝心の研究内容に関しては、記録計を持って行ってアザラシに付ければいいのだから簡単だと高を括っていた。南極のアザラシで幾度となく繰り返されてきた手法を、そのままバイカルアザラシに転用すればいいのだと思っていた。

しかしそれは大いなる誤りであることにすぐに気付いた。バイカルアザラシはもとをたどれば、北極にいるワモンアザラシから分化した種である。ワモンアザラシといえばホッキョクグマの狩りの標的であり、だからバイカルアザラシもワモンアザラシも、生まれつき警戒心が極度に強い。岩場や氷上で休むときも、常に頭は水面に向けていて、わずかでも異変を感じればすぐにぽちゃんと水に飛び込み、逃げてしまう。

記録計を取り付けたバイカルアザラシをもう一度見つけ出し、狙い澄ましての再捕獲など、とてもできそうにない。どうしたらいいだろう。私のフィールドワークのデビュー戦は、行く前からはや手詰まり感……。

でも宮崎から話を聞くと、ロシア側の研究者が「アザラシ回収装置」なるものを持っているという。アザラシ回収装置？　私のそれまでの人生で出くわしたことのない装置だが、とにかくそれをあてにして、記録計だけを持ってロシアに飛ぶことになった。

アザラシ回収装置って何？

私が初めてバイカル湖を訪れたのは二〇〇二年の夏である。現地で一緒に調査をしたのは、それから長い付き合いになるロシア科学アカデミー湖沼学研究所（当時）のバラノフさん。黒い太枠のメガネをかけ、短く刈ったくせ毛の黒髪のところどころに白髪の混じる、四〇代半ばの紳士だった。自然の厳しいシベリアで生まれ育ち、ソ連崩壊を経験した精神的なたくましさが、とことん温厚な性格になって顕れていた。バイカル湖の湖畔にぽつんと建つ彼専用の研究室には、無数の工作機械や材料がみっしりと並べられていて、研究室というより作業場だった。いつも着ている紺色のトレーナーには、胸のところに大きな安全ピンが横向きに付いていて、それは湯気の立ち上るスープを飲むときなど、メガネが邪魔になったときにひょいと引っかけておくためだという。「マイ・スモール・インベンション（私の些細な発明です）」とバラノフさんは優しく笑った。

さっそく「アザラシ回収装置」を見せてもらった。見た目はおせちの重箱くらいのサイズの黒い金属の箱で、中は見えないが、二酸化炭素入りのボンベとエアバッグが入っているという。タイマーをセットし、時間がくると、金属の箱がぱかっと左右に開き、同時にエアバッグに二酸化炭素が注入されて、むくむくと膨れ上がっていくらしい。これをアザラシの背中に取り付けて放流すれば、一定時間後にエアバッグの浮力でアザラシが潜れなくなり、水面でじたばたしているところを再捕獲できるという。

バラノフさんはこの自作の装置をシャトルと呼んでいた。シャトルバス、シャトルタクシーといえば特定の二カ所を往来する車のことだし、スペースシャトルは大気圏の外に出て行くだけでなく、そのままの形で地球に戻ってくる宇宙船のことである。放流したアザラシがそのままの形で手元に戻ってくるようにという願いが、その名前には込められていた。

バラノフさんは研究のためにバイカルアザラシを五頭ほど飼育していた。そこでそのうちの一頭の背中に、私が持っていった記録計とバラノフさんのシャトルとを取り付け、バイカル湖に放流した。私にとっては初めてのバイオロギング調査だったし、バラノフさんにとっては初めてのシャトルの実践使用だったから、お互いにドキドキしながらアザラシを見送った。タイマーはものすごく控えめに三〇分でセットしたから、三〇分後には水面でばたばたしているアザラシが見られるはずだった。

けれど何も起こらなかった。三〇分後にボートを出してバイカル湖を探しまわったが、そこには鏡のように平らな湖面が静かに広がっているだけで、何も見つけることはできなかった。原因はわからないが、シャトルは作動しなかった。バラノフさんの苦心の作と、私が日本から持っていった高価な記録計は、アザラシとともにどこかに消え、二度と戻ってくることはなかった。

かくして私の初めてのバイオロギング調査は、それ以下はありえない散々な結果に終わった。旅費を使い、記録計をなくし、データはゼロ。

しかも私のどん底はまだ続く。同年の秋に再びバイカル湖を訪れたのだが、シャトルが失敗に終わった今、何をしたらいいのかわからない。困った私は苦肉の策として、バイカルアザラシをロープにつないで湖に放流するという暴挙に出た。

まるで鵜飼の鵜のようにアザラシを泳がせ、私はボートの上から鵜匠のようにロープを手繰る。そしてそのときの潜水行動を記録計で記録する。しばらくそうしたのちに、ロープを手繰り寄せてアザラシをボートに引き戻し、そしてふと思った。こんな不自然極まりないアザラシの行動を測って何の意味があるだろう!

いよいよ私は途方に暮れた。

動物は回収しなくていい

助け舟を出してくれたのは内藤だった。彼は動物ごと回収するのではなく、記録計のみをタイマーで切り離して回収するアイデアを温めていた。いやアイデアを温めていただけでなく、そのための仕掛けの試作品まで既に作ってくれていた。その後何度もそういう場面を見てきたから、今ではよく知っているが、これが内藤流の新製品披露法である。つまり試作品ができるまでは絶対に内緒にしておいて、それを必要とする人の前でおもむろに、ニヤリと笑ってモノを披露する。

仕掛けは特殊なプラスチックの結束バンドと親指の先サイズの電子機器という、二つの部品からなっていた。結束バンドは一回真ん中で切ったものを、エポキシ樹脂でつなぎ合わせてある。その接合部分には少量の火薬が埋め込まれていて、さらにそこから一本の電線が出ている。つまり電線を電子機器につなぐとタイマーが作動し始め、残り時間ゼロの瞬間、電流が送り込まれて火薬が爆発し、バンドが断ち切られる。火薬といってもごく少量なので、動物を傷つける恐れはない。

この装置を使ってアザラシの体から記録計を切り離し、回収するまでの一連のシステムを作ることが私の課題になった。切り離した記録計は水面に浮かばないといけないので、浮力体が必要である。用途に合う素材を探した結果、日油技研工業という海洋観測機器メーカーが作っている浮力体素材が、必要な耐圧性を持ち、吸水率が低く、加工も比較的楽であることがわかった。

また記録計がアザラシから切り離され、浮かんできたとしても、海のように広いバイカル湖のどこかから目視だけで探し出すのは不可能である。そこで浮力体には電波発信器を埋め込むことにした。電波発信器は一秒に一回、電波のパルスを発信する。専用のアンテナでそのパルスを受信すれば、だいたいの方向と距離がわかるので、探し出すことができるはずだと考えた。

あとはそれらをどのようにアザラシの背中に取り付けるかである。私はアザラシの背中にはまず、薄いアルミの板を接着剤で張り付けることにした。そしてそのアルミの土台に、火薬入りの結束バンドを使って浮力体を固定する。そうすれば結束バンドが断ち切られれば、浮力体はするりと離れて水面に浮かぶはずだ。水面に浮かび上がった浮力体は電波発信器を上にしてぴんと立つように、重心と浮心のバランスを調整した。

かくして初めての切り離し回収システムが完成した。

三度目の正直?

シャトルの失敗からちょうど一年が経過した二〇〇三年の夏、私はバイカル湖を三たび訪れた。今までろくすっぽ結果なんて出していないのに三度目のチャンスをくれた宮崎先生の寛容さに感謝しつつ、今回こそはと虎の子の切り離し回収システムに期待を込める。

バラノフさんの提案により、実際にアザラシに付ける前に、切り離し回収システムだけをバイカル湖に沈め、ちゃんと浮かび上がってくるかどうかテストすることにした。もちろん日本でもそのようなテストはしていたが、念には念を入れて。

タイマーをスタートさせてから浮力体に重い石をくりつけ、さらに命綱をつなげてバイカル湖の水深一〇〇メートルくらいのところに沈めた。そしてバラノフさんとボートの上で、結束バンドが断ち切られて浮力体が浮かんでくるのを待った。こんな簡単なテストで失敗するはずがないと固く信じながら。

ところが時間がきても何も浮かび上がってこない。タイマー作動予定時刻の一時間が過ぎ、二時間を過ぎても何も起こらない。ついにあきらめて命綱を引き揚げてみると、切り離し装置は作動した様子がみじんもなく、何一つ変わらない姿でそこにあった。

すっと気が遠くなった。切り離し装置は作動しない——。

肝心なのは電気抵抗値

二艘目の助け舟はバラノフさんが出してくれた。彼は作動しなかった火薬入りの結束バンドを念入りに調べ、電気抵抗値が異常に高いことを発見してくれた。電気抵抗値が高ければ電流が流れるはずはなく、結束バンドが断ち切られることもない。もしこの結束バンドを使ってアザラシを放流していたらと考えると、ぞっとして血の気が引いた。高価な記録計がまたもや海の藻屑になっていただけでなく、見つかるはずのない記録計を求めて、報われることのない捜索旅行に出かけていたに違いない。

日本から持って来ていた一〇本ほどの結束バンドをすべて調べたところ、電気抵抗値の低い正常なバンドと、電気抵抗値の高い異常なバンドがあることがわかった。当時、結束バンドはまだ試作品の段階であり、製造過程でのばらつきが大きかったのである。それにしても電気抵抗値による粗悪品の選別法がわかったのは、私たちにとってはノーベル賞級の大発見だった。

さらに頼れるバラノフさんは、結束バンドの品質が水圧によって変わらないことを確かめるため、作業場（のように見える研究室）の奥から圧力チャンバーを取り出してきた。自動車のブレーキ機構を借用して自作したものであり、レバーを押し込むと、ブレーキオイルを介して缶ジュースほどの大きさの金属ケースの中に圧力がかかるようになっていた。結束バンドを金属ケースに入れ、アザラシが潜りそうな水深二〇〇メートル相当の水圧を加える。そしてその後でも、電気抵抗値が変化していないことを確かめた。

今度こそ準備万端である。

シャトルのときと同じように、研究所に飼育されているアザラシの中からこれぞという一頭を勘で選び、その背中に切り離し装置と記録計とを取り付けた。そしてアザラシを岸辺から放すと、アザラシはバイカル湖に向かってダッシュして飛び込み、あっという間に見えなくなった。

私は呆然とそれを見送りながら、本当に回収なんかできるのだろうかと思った。数日後に自分が欣喜雀躍しているのか、悲しみの底に沈んでいるのか、二つに一つしかないことがなんだかとても不思議に思えた。

結果は前者であった。タイマーの作動予定時刻ぴったりに電波が入り始め、ボートを出してその方向にむかうと、アザラシから切り離されたオレンジ色の浮力体がまぶしい陽光を反射してぷかぷかと浮かんでいた。

そのようにして私は世界で初めてバイカルアザラシの潜水行動を計測することに成功した。

切り離し回収システムの確立は、バイオロギングの歴史の中でも重要な一ステップになったと私は自負している。今までバイオロギングの対象にはなりえなかったアザラシが、ウミガメが、たくさんの種類の魚が、切り離し回収システムのおかげでバイオロギングの対象になった。実際、このシステムは今では国内外の幅広い研究者に受け入れられており、ほとんど常用の調査ツールとして使っている研究者さえ少なくない。

そして私自身も調査に出かけるときはいつも、切り離し回収システムをバッグに入れていく。もちろん電気抵抗値が十分低いことを毎回確かめて。

バイオロギングの未来

本章ではバイオロギングの黎明期から現在に至るまでの大まかな流れを概観してきた。では現在、研究者たちはどんな夢を持ち、何を目指しているのだろう。一〇年後、二〇年後にはどんなことができて、何が明らかになっているのだろう。本章の締めくくりとしてここでは、バイオロギングの未来に考えを巡らせてみたい。

バイオロギングという手法が開発されたもともとの動機が、アザラシやペンギンの潜水行動を記録することであったことは繰り返し述べた通りである。現在、この目的はおおむね達成されたといっていい。深度記録計は最も基本的なバイオロギング機器であり、ほとんどすべての種のアザラシ、オットセイ、ペンギン、ウミガメに既に取り付けられている。潜水行動の不思議については次章で詳しく述べるが、まだよくわかっていない動物があるとすればクジラの一部くらいである。

さらに切り離し回収システムや、人工衛星を利用するポップアップタグの普及により、潜水動物のみならず魚類にもバイオロギングが応用されるようになった。魚類の調査ではその他にも、データを超音波にのせて発信するやり方がよく使われるが、いずれにせよ深度のデータに関していえば既に数え切れないくらい多彩な魚類からデータが得られている。

つまりおおざっぱな言い方をすれば、海の中の動物たちがどのくらいの深度帯をどのように利用して泳いでいるかは、既にだいたいわかっている。

ただ、潜った先で動物たちが何をしているのかと問われると、途端に答えに窮してしまう。深度の変化や同時に記録した他の行動パラメータなどから「獲物を捕っていたと思しき時間」あるいは「休んでいたと思しき場所」などを想像することはできるが、答えは誰にもわからない。それが現在の大きな問題である。

この現状を打破してくれる可能性があるのはビデオカメラだと私は考えている。動物の背中に取り付けることによって、その動物がどんな環境のもとで何をしていたのか、動物自身の視点から観察することができるビデオカメラ。「百聞は一見に如かず」を体現するビデオカメラはその意味において、究極のバイオロギング機器だと思っている。

そのようなビデオカメラを使ったバイオロギング研究は、最近ぽつぽつと出てきてはいる。ただし電池やメモリー容量に制限されて記録が数時間しかもたなかったり、光源がないためにごく浅いところでしか有用な映像が得られなかったり、まだまだ不便な点が多い。近い将来このような技術的な問題が解決されれば、ビデオカメラはバイオロギングの中心的な役割を担うようになり、今まで観察できなかった動物の真実の姿を次々と明らかにしてくれるだろう。

第一章で紹介したように、動物の回遊や渡りを追跡できるようになったのは、バイオロギングの最も華やかな成果のひとつである。多彩な鳥やアザラシやクジラやサメたちが、まるで地球全体がぼくらの庭だと言わんばかりの大移動をしていることが明らかになってきた。

しかし突き放して考えてみれば、そのような大スケールの回遊や渡りの研究はそろそろ出尽くした感がある。キョクアジサシも、ホホジロザメも、オサガメも含め、大移動をする可能性のあるだいたいの動物には既にバイオロギング機器が取り付けられ、結果が報告されている。

むしろまだ謎が多いのは、より小規模の移動と、それを突き動かすモチベーションや環境との相互作用である。たとえばペンギンでいうならば、雛のいる巣から海に出て、獲物を捕って数日後に帰ってくるまでのせいぜい一〇キロの旅路。この旅の途中でペンギンはどのような環境（ローカルな気候、氷の張り出し状況、獲物の分布など）に遭遇し、どのように対応したのかは、いまだに調べるのが難しい。

しかし最近、バイオロギングをリモートセンシングの技術と組み合わせることにより、詳細な移動軌跡と環境情報とを同時に解析することが可能になりつつある。そうした調査が進み、知見が積み重なれば、気候変動や人間活動に伴う生息環境の変化に対して動物たちがどのように反応するのか、より正確に予測できるようになるだろう。そして必要であれば保全策を講じることもできる。

驚くべき大移動の余地がまだ十分に残っているのは昆虫である。チョウ、トンボ、バッタなどの昆虫が海を越え、大陸を縦断する大規模な渡りをしているのはほぼ間違いないが、その実態はほとんどわかっていない。今の技術では、集団としての昆虫の移動を断片的に観察するのが精いっぱいであり、個々の昆虫の移動を追跡することができない。今後、第一章で紹介したジオロケータがさらに小型化すれば、バッタのような比較的大型の昆虫の渡りを追跡できるようになるだろう。何億匹もの群れを組んで砂漠を渡るバッタの謎が明らかになる日は、近いうちにやってくると私は信じている。

最後に一つ。今までのバイオロギングは、あるペンギンの潜水行動、あるアザラシの移動軌跡というように、個々の動物の行動を対象としてきた。けれどもガンが編隊を組んで空を飛ぶように、ペンギンが集団で海に飛び込むように、あるいはアユのオスが縄張りを守ってメスを呼び込むように、ほとんどすべての動物は他者との相互関係の中で生活を営んでいる。

たくさんの動物個体の行動を同時に測定することにより、相互関係や社会性を明らかにするのは、近未来のバイオロギングの大いなるゴールである。鳥や魚が編隊を組んで移動するのはなぜか。そこにリーダーはいるのか。集団で暮らす動物は情報を共有しているのか。他人を助けることはあるのか。あるいはだますことはあるのか。

人間の社会を見るときと同じ視点で動物の集団を見ることにより、そこに伏流する普遍的な生物の真理を明らかにする。それが近未来の「集団バイオロギング」である。

第四章

潜る

——潜水の極意はアザラシが知っていた

「ぺんぎんは、なんでもぐるのですか?」

一般向けの講演会やサイエンスカフェなどで怖いのは、どんじりに設けられる質疑応答の時間である。子どもたちが浴びせかけてくる天真爛漫な疑問、珍問の数々は、こちらがドキリとするくらい予測不可能だから、柳のような柔軟力というか、アドリブ力が要求される。それに比べれば学会で頂戴する学術的な質問はだいたい至極まっとうで、楽なものだ。

その日もそうだった。ペンギンにビデオカメラを取り付けた研究を中心に、ペンギンの話題を三〇分くらいしゃべったあとの質疑応答の時間。やおら最前列に座った小学一年生くらいの女の子が、ハイッと元気よく手を挙げた。見るからに突拍子もなさそうな、危険な香りのする女の子。さてどんな質問がくるか、涼しい顔を装いながら内心少し緊張して待ち構える——。

「ぺんぎんの、けは、なんぼんですか」

二秒ばかりポカン。そのあと必死に頭を回転させる。毛っていうと、つまりはペンギンの羽毛のことかな。体中を覆う羽毛を一本一本数えるとして、何万本? 何十万本？　そんな論文あっただろうか。あるいはオバQは毛が三本とか、ジョークで切り返す？　でも今どきの小学生ってオバQ知ってる？

あわれアドリブ力に欠ける私はモゴモゴとその場をごまかす羽目になってしまった。

また別の講演会では、小学四年生くらいの男の子にこんな質問を受けた。

「ぺんぎんは、なんでもぐるのですか？」

これは楽勝。海の中にいる魚やオキアミを捕まえて食べるためですよ、と答えればクリア。はい、次の質問にいきましょう。

けれども講演会がはねてから、本当にそういう安易な答えでよかったのか、ひとしきり考えてしまった。もしかしたら男の子の質問の意図は別のところにあったのかもしれない。ペンギンは鳥である。それなら他の鳥がそうしているように、空を飛べばいいではないか。なぜペンギンだけが海に潜る生活を選んだのか——そんなことを聞きたかったのかもしれない。

だとすれば、まことおっしゃる通りである。ペンギンはアホウドリなどを含むミズナギドリ目に近い仲間であり、共通の祖先をたどれば六〇〇〇万年前までは立派に空を飛んでいた。そして鳥という動物はそもそも、陸上を歩いていた爬虫類の祖先が、体を軽量化し、胸筋を強化し、翼を発明することによってついに空中というフロンティアに進出していった進化形である。なのにペンギンはあろうことか、せっかくの御先祖さまの苦労というか、進化をねじ曲げて、飛ぶことをやめ、海の中に入っていった。そんなペンギンの進化はおかしいと私も思う。

考えてみれば鳥類のペンギンだけでなく、哺乳類のアザラシやクジラ、爬虫類のウミガメなど、息をこらえて海に潜る肺呼吸の動物たちは、すべて同様の矛盾を抱えている。すべての脊椎動物は魚類にまでさかのぼることができるから、共通の祖先をたどれば三億五〇〇〇万年前までは水中でエラ呼吸をしていたはずだ。気の遠くなるような時間をかけて、そのうちの一部が肺呼吸や乾燥への耐性を進化させ、陸上というフロンティアに進出していった。それなのにペンギンもアザラシもウミガメも、せっかく手に入れたはずの肺呼吸のメリットをふいにして、むしろそれが致命的なデメリットになる海の中の生活に、なぜだか還っていった。なんという非効率。なんという行き当たりばったり。

つまり動物の進化はあらかじめ決められた道筋に沿ってまっすぐ進みはしない。まるで酔っ払いの千鳥足のようにあっちにふらふら、こっちにふらふらして、あげくの果てには今来た道を戻ったりする。それもこれも、動物たちにとってのほとんど唯一の達成目標が、いかにして今を生き延びて多くの遺伝子を次世代に残すか、それだけだからである。祖先がどんな姿かたちで何をしていたかなんて、どうでもいいのだ。

そのような行き当たりばったりな進化にこそ、動物研究の面白さがギュッと凝縮されていると私は思う。肺呼吸の動物が海に還るなんて、まったく道理に合わないし、非効率である。けれどもなんとかやっているうちに、なんとかなってしまった。ペンギンだってアザラシだって、なんだかんだいう間に二次的に水中生活に適応し、エラ呼吸の魚もびっくりするくらいの深くて長い潜水技術を習得してしまった。

折しも潜水と言えば、それを測定するのはバイオロギングの得意技である。いや得意技どころか、第三章で説明したように、バイオロギングという手法が開発されたそもそもの生まれ故郷ですらある。ペンギンが、クジラが、アザラシが、どれくらいの深さに何分くらい潜ることができるのか。人間には逆立ちしたって不可能な長くて深い潜水を、彼らがやすやすとやってのけるのはなぜか。そもそも彼らはなぜ潜水病にならないのか。そうした素朴な疑問に対するシンプルな答えを、バイオロギングは草創期より今に至るまで、ずっと探究してきた。

そこで本章は、肺呼吸というハンディキャップを抱えたまま海に潜る不思議な動物たちの物語。バイオロギングの明らかにした動物たちの驚くべき潜水能力を紹介しながら、それを可能にするメカニズムを少しずつ解き明かしていこう。陸上で暮らしている私たちには実感しにくい水中特有の物理現象——たとえば浮力という自然の力——がいかに動物の潜水行動を強く制限しているかも、その過程で明らかになっていく。

「ぺんぎんは、なんでもぐるのですか？」——男の子のくれた根源的な質問に対する答えも、本章を通じておのずと見えてくるはずである。

ダイビング界の雄、ウェッデルアザラシ

素朴な疑問からスタートしよう。動物界の潜水チャンピオンは誰か。

その前に比較のためのルールを確認しておこう。動物の潜水能力を表すパラメータとして考えられるのは、潜水深度か潜水時間のどちらかだろう。深く潜れる動物を勝ちとするか、それとも長く潜っていられる動物こそ偉いとするかは考え方次第だが、ここでは簡単にするために前者のルールを採用する。つまりなんぴともたどり着けない深度に唯一たどり着ける種こそが動物界の潜水チャンピオンだとする。ただし実際のところ、深く潜る動物は例外なく長く潜るので、どちらのルールを採用しても順位はあまり変わらない。

さて、潜水といえば、強豪ひしめくのはアザラシの仲間、なかでも南極のウェッデルアザラシはひときわ優れた潜水能力の持ち主として知られている。このアザラシ、普段は天下泰平の南極の氷上でダラダラと惰眠をむさぼっており、私たち研究者が近づいても高いびきをやめないぐうたら者であるが、どっこいひとたび海に入れば、はつらつとした超一級のダイバーに変身する。

ウェッデルアザラシほどバイオロギングに向いた動物はいない。まず体重四〇〇キロもある巨軀のため、新しいセンサーの搭載されたわりと大きな、テスト段階の機器を取り付けてもびくともしない。それに捕獲はいとも簡単であり、機器装着はもちろんのこと、機器回収のための再捕獲さえ問題にならない。おまけに記録される潜水行動は、いつも目を見張るくらいにダイナミックだ。いわばバイオロギングの星のもとに生まれた逸材といってもよく、第三章で説明したように、バイオロギングの発展はいつもウェッデルアザラシとともにあった。

そのウェッデルアザラシ、東京タワーがすっぽり沈み込むほどの三〇〇〜四〇〇メートルの深さまで、毎日繰り返し潜っていることがわかっている。一回の潜水は時間にして二〇分ほど。今までの文献を調べると、深さで七四一メートル、長さで六七分という記録が残っている。

なぜそれほど深く潜る必要があるのだろうか。

あとから説明するように、アザラシは潜水というただ一つの目的のために体をあまりにも特殊化させている。特殊化させているということは、つぶしが利かないということであり、潜在的な他分野の能力を犠牲にしているということである。だったら潜水もほどほどにして、てっとりばやく浅いところにいる魚を捕ればいいようにも思う。

その答えは二〇〇〇年、当時国立極地研究所の助手をしていた佐藤克文さん（現東京大学大気海洋研究所教授）が南極でウェッデルアザラシにカメラを取り付けた調査で明らかになった。データを解析したのは大学四年生の頃の私。研究の世界のほんの入口にいた当時の私は、佐藤さんのアドバイスに忠実に従って解析を進めた。

ウェッデルアザラシの視点から撮影された潜水中の写真を解析すると、アザラシが深く潜れば潜るほど、より多くの獲物が写っていることがわかった。当時の写真の画質では獲物の種類の判別までは難しかったが、どうもコオリイワシという、ノトセニア亜目に分類される南極固有の魚が多いように見えた。

これはいったい何を意味するのかと首を捻らせていて、アッと気が付いた。なるほど、アザラシの潜水能力はこうやって進化する。

つまりこういうことである。コオリイワシはオキアミや端脚類などの動物プランクトンを食べるが、動物プランクトンは比較的浅い深度に群れていることが多い。さんさんと降り注ぐ日光のもとで、動物プランクトンの栄養源である植物プランクトンが増殖するからである。だからコオリイワシにすれば、できれば浅い深度に浮上して動物プランクトンを腹いっぱい食べたい。

けれども間違って浮上し過ぎれば、恐怖のウェッデルアザラシの射程深度に入り、自分自身が食べられてしまう。だからコオリイワシはぎりぎり食べ物にありつけるほどには浅く、かつアザラシの届かないほどには深い、絶妙なポジション取りをしようとする。

ところが今度は腹をすかせたアザラシのほうが、もうひと頑張りして少しだけ深く潜るようになる。たとえ体に無理がたたっても、生存がかかっていれば動物は全力を尽くして獲物を捕りにいくものである。

このような互いの生存をかけた長い駆け引きの結果、ウェッデルアザラシは高い潜水能力を進化させ、コオリイワシはできるだけアザラシを避ける行動パターンを進化させた。

潜水マシーン、ゾウアザラシ

しかしアザラシ界も広いもので、上には上がいる。ウェッデルアザラシをはるかに凌ぐディープダイバーがゾウアザラシである。今までに記録された最深の潜水は一七三五メートル。阿蘇山がすっぽり沈むほどの深さにまで、このアザラシは潜ることができる。

ゾウアザラシと一口にいっても実際には、アメリカの西海岸で出産、子育てをするキタゾウアザラシと、亜南極の島々でそれをするミナミゾウアザラシの二種に分かれる。分かれるとはいっても両種は見た目も生態も、そして潜水行動さえもそっくりであり、だいたい同じ動物が北半球と南半球に一種ずついるといっていいかもしれない。

約八〇万年前、南半球の島々からたまたまアメリカ西海岸に泳ぎついたミナミゾウアザラシの集団が現地に居つき、長い地理的な隔離の末、違う種に分化したものがキタゾウアザラシだと考えられている。

ゾウアザラシは地球規模の大回遊を当たり前のようにしている長距離スイマーである。一般にアザラシというと陸上でごろごろと休んでいるイメージが強いが、ことゾウアザラシに限れば、一年のうちの実に一〇カ月はマグロのように大海原を泳ぎ回っている。そして第三章で述べたように、このときの潜水パターンを長期間にわたって記録することに成功したのは、自作のアナログ式記録計にさらに改良を加えた内藤靖彦だった。

回遊中の潜水パターンは圧巻である。ゾウアザラシは深さにして四〇〇～六〇〇メートル、時間にして二〇分ほどの潜水を、まるで自動で浮き沈みする機械のように、昼夜分かたず延々と繰り返す。最長で七カ月にもわたる回遊中、潜水は一度だって途切れることはないから、合計すれば一万回以上の潜行と浮上のサイクルが延々と繰り返されることになる。

アザラシは休まなくていいのだろうか。

この素朴な疑問に答えてくれたのは、北海道大学でアザラシやクジラの生態を研究している三谷曜子さんだ。二〇〇五年、三谷さんらのグループはカリフォルニアのキタゾウアザラシにバイオロギング機器を取り付けて潜水行動を調査した。このときに使ったのは、深度だけでなく動物の姿勢や向いている方角までわかる最新型の記録計であった。

それによると、ゾウアザラシはいつでも水中でせっせと獲物を探しているわけではない。そうではなく、一部の潜水では、潜り始めるや否や足ひれの動きを止めてしまい、腹を上にしたあられもない姿勢で重力にまかせてふらふらと沈んでいく。らせん状の軌跡を描きながら五〇〇メートルほどの深度まで沈むと、突如ハッと目覚めたかのように能動的に泳いで浮上し始め、五分ばかりかけて水面に到達する。そして何回か呼吸をすると、また同じ「ふらふら潜水」を始める。

そう、アザラシは潜りながら休んでいる。全身の力を抜いたリラックス姿勢で水中をゆっくりと沈んでいくのは、さぞかし気持ちのよいことだろう。

ただし休んでいるからといって、アザラシが目を閉じてグースカ眠っているかどうかはわからない。眠っているかを厳密に判定するためには、目の開閉や脳波のパターンを測定せねばならないから、バイオロギングでそれができるようになるには、もう少し時間がかかりそうである。

いずれにせよゾウアザラシは休息さえ潜りながらする、筋金入りのダイバーだといえる。

マッコウクジラは脳油で潜る？

というわけで動物界の潜水チャンピオンは一七三五メートルを記録したゾウアザラシに決定——しそうになったところで「ちょっと待った！」。見ればアザラシと並ぶ強豪グループであるクジラの仲間たち。そしてその先頭に立つのは、体の三分の一を頭が占める巨頭のマッコウクジラである。うん、確かに潜水を語るうえで彼らを無視するわけにはいかない。

クジラはハクジラ亜目とヒゲクジラ亜目の二グループに大きくわけられる。マッコウクジラやシャチのように鋭い歯をもち、魚やイカなどを捕まえて食べるのがハクジラ亜目であり、シロナガスクジラやザトウクジラのように口をガバッとめいっぱいに開けてオキアミや魚を海水ごと飲み込み、ヒゲの隙間から海水だけを排出するのがヒゲクジラ亜目である。

なお、ハンドウイルカやカマイルカなどのイルカの仲間はれっきとしたハクジラ亜目である。ハクジラ亜目のうちの比較的体の小さな種類を便宜上イルカと呼んでいるだけなので、イルカとクジラの間に本質的な生物学的差異があるわけではない。

優れた潜水能力を見せるのはヒゲクジラではなくハクジラのほうである。巨大なシロナガスクジラは見た目とは裏腹にひどく潜水能力が乏しく、そこには興味深い生物物理学的な現象が伏流しているが、それはまた後述する。

そして現在七〇種以上が確認されているハクジラ亜目の中でも、ピカイチのディープダイバーが他でもないマッコウクジラである。

バイオロギングの手法が確立される前から、水深一〇〇〇メートル以上の海底ケーブルにマッコウクジラが絡まって溺死している事例がたびたび報告されており、このクジラの桁外れの潜水能力はおぼろげながら想像されていた。近年、待望のバイオロギング調査が始まると、なるほど確かにこのクジラは一〇〇〇メートル級の潜水をごく当たり前のように繰り返す、超の付くディープダイバーであることがわかった。

今までに記録された最深の潜水は二〇三五メートルである。二キロメートルの深度といえば、妖怪のように割けた口を持つフウセンウナギ目など、奇々怪々な深海魚のくらす暗黒の世界。そんな途方もない深さまで息をこらえたまま往復するというのだから、ただ事ではない。この記録は現在のところ、肺呼吸の動物から記録された潜水深度の世界記録である。マッコウクジラこそが、なんぴともたどり着けない深度に唯一たどり着ける、動物界の潜水チャンピオンであった。

でもなぜそんなことができるのだろう。二キロメートルオーバーの超ド級潜水を可能にするメカニズムっていったい何だろう。

よく言われるのは、脳油を使った浮力のコントロールである。図鑑などにも載っている有名な仮説なので、あるいはご存じのかたもいらっしゃるかもしれない。

マッコウクジラの最大の特徴は、体の三分の一ほどを占める巨頭にある。映画『エイリアン』に出てくる異星生物にも似た、その長大な頭の中には脳油と呼ばれる白濁色のどろりとしたワックスが詰まっている。この脳油の見かけのために、マッコウクジラは英語では「sperm whale（精液クジラ）」というあまりエレガントではない呼びかたがされるのだが、それはさておき、脳油を温めたり冷やしたりして体全体の比重をコントロールし、深い潜水を楽に成し遂げているというのが「脳油仮説」である。

つまりこういうことである。マッコウクジラは潜水を始める折、鼻孔から冷たい海水を吸って脳油の周りに巡らせ、脳油を冷やす。冷やされた脳油は体積が縮み、でも重さは変わらないので比重が上がる。脳油の比重が上がれば、その莫大な量ゆえにクジラの体全体の比重もいくらか重くなり、クジラは沈むように楽に潜っていける。浮上の折、今度は鼻孔に吸い込んだ海水を吐き出し、自らの体温を利用して脳油を温める。すると脳油の体積が膨らみ、でも重さは変わらないので比重が下がり、ひいてはクジラの体全体の比重もいくぶん軽くなる。そのためクジラは浮かぶように楽に浮上することができる。

とびきりの仮説だと私は思う。脳油という謎の物質と傑出した潜水能力のミステリーを同時に、かつ巧妙に説明している。それに何より聞いて楽しいアイデアがいい。

図鑑に採用されるまで広く浸透したのも、なるほどとうなずける。

けれども残念ながら、この有名な仮説は私の友人であるセントアンドリューズ大学（イギリス）のパトリック・ミラー博士によって手厳しく反証されている。ミラー博士はバイオロギングを使って潜水中のマッコウクジラの体の比重を測定し、潜行中と浮上中とで比重がほとんど変わらないことを見つけた。つまりマッコウクジラは能動的な比重のコントロールなんかしていないことを明らかにした。

バイオロギングで比重を測定？

そう、そこにミラー博士のとびきりの創意工夫がある。比重はそもそも体重を体積で割ったものなので、もしクジラの比重を真正面から計測しようとすれば、体重と体積とを正確に計測せねばならない。水槽で飼っているコイやフナならまだしも、海を泳ぐ巨大なクジラからそんな計測値をとるのはほぼ不可能である。

そこでミラー博士はバイオロギングを使って、マッコウクジラの深度や遊泳スピードを詳しく計測した。そしてそれを物理のまな板の上に載せ、力学の法則を駆使して解析することで、クジラの比重を測定してみせた。

面白いポイントなので少し詳しく説明しよう。マッコウクジラは潜水中、尾びれを上下に振って前進するが、時折それをぴたりと止め、受動的に潜行、もしくは浮上することがある。狙うのはその瞬間である。尾びれを止めて受動的に進むクジラの体は、重力、浮力、慣性力といった力学法則に完全に支配された無生物の物体と見なすことができる。だからそのときのクジラの速度の変化を分析することにより、クジラの体にはたらく浮力の大きさを見積もることができる。そして浮力がわかれば、クジラの体の比重もわかる。

なるほど物理法則はバイオロギングのデータを調理するための、切れ味鋭い包丁になる。二〇〇四年に出版されたこの論文を初めて読んだとき、大学院生だった私ははっと目を開かされる思いがしたのを今でもよく覚えている。そして自分のバイカルアザラシの研究においても、同様のアプローチをやがて試みることになる。

ともあれ結論をもう一度繰り返すと、マッコウクジラの比重は潜行時と浮上時でほとんど変わらなかった。だから脳油を使って比重をコントロールしているという有名な仮説は、間違っている。

なぜ二〇〇〇メートルも潜れるか

かくして議論は振り出しに戻る。なぜマッコウクジラは他のライバルたちよりも深く潜れるのだろうか。

最大の理由は、体が大きいからである。マッコウクジラはハクジラ亜目最大の種であり、大きなオスで体重は五〇トンにもなる。あらゆる地球上の動物を見渡してみても、マッコウクジラよりも大きな種は、シロナガスクジラやナガスクジラなどヒゲクジラ亜目の一部しかいない。

体が大きいことは潜水において決定的な意味をもつ。ここは潜水という行為の根源に関わるはなはだ重要なところなので、よく聞いてほしい。

前にも述べたように、深く潜るためには何よりもまず、長く息を止めなければならない。逆にいえば長く息を止めることができ、かつ潜水病の危険さえ軽減することができれば、それはとりもなおさず深く潜れることを意味する。

そして水中でどれだけ長く息を止められるかは、酸素の保有量と消費速度とのバランスで決まる。酸素の保有量が多ければ多いほど、そして消費速度が遅ければ遅いほど、動物は長く息を止めることができ、ひいては深い潜水が可能になる。それは本質的に、車をどれだけ長く走らせられるかが、ガソリンの保有量と消費速度とのバランスで決まるのと同じである。ガソリンの保有量が多ければ多いほど、そして消費速度が遅ければ遅いほど、車は長く走らせることができ、ひいては遠くまでドライブできる。

ところで大きな動物になればなるほど、酸素の保有量も消費速度もともに増大する。大きな車ほどガソリンを多く貯められるが、同時にガソリンの消費速度も速くなることと同じである。

ただしその上昇率は保有量と消費速度とで異なる。後述するように、潜水動物が酸素をため込むのはおもに肺、血液、筋肉の三カ所である。これら三カ所の「貯蔵庫」のサイズはおしなべて体の体積、ひいては体重に比例して増えていくことがわかっており、したがってそれらを足し合わせた体内の総酸素保有量も、おおざっぱにいえば体重に比例して増えていく。

いっぽう酸素の消費速度（すなわち代謝速度）は、メカニズムこそ議論百出でよくわかっていないものの、体重の四分の三乗に近い値に比例して増えていくことが知られている。

体重で二倍大きな動物は、酸素の保有量は二倍になるが、酸素の消費速度は一・七（＝二の四分の三乗）倍にしかならない。体重で四倍大きな動物は、酸素の保有量は四倍になるが、酸素の消費速度は二・八（＝四の四分の三乗）倍にしかならない。大きくなればなるほど、酸素の消費速度に対して酸素の保有量がどんどん大きくなり、そのために長く息を止めることができるようになる。潜水において体が大きいことは、それだけでライバルを引き離す大きなアドバンテージになる。

第二章において「なぜ大きな動物ほど速く泳ぐのか」という疑問に対して、これとよく似た説明をしたのを覚えておいでだろうか。動物を駆動する代謝速度は体重の四分の三乗に比例し、それを妨げる水の抵抗は体の表面積、すなわち体重の三分の二乗に比例する。そのため、大きくなればなるほど代謝速度に対して水の抵抗が小さくなり、速く泳げるようになるという説明であった。

潜水時間にせよ、遊泳スピードにせよ、体の大きさが決定的に重要な意味を持つその背景には、代謝速度が四分の三乗という中途半端な値に比例して増えていくという不思議な事実がある。

というわけでマッコウクジラの二キロメートル超えの潜水を支えているのは巨大な体であった。ダーウィンの進化論に当てはめれば次のように言うこともできる。すなわち、深海にすむイカなどの獲物を効率よく捕るためには大きな体が圧倒的に有利であり、それが一つの淘汰圧としてはたらいて、マッコウクジラは巨軀を進化させた。でも体が大きいほど有利なら、一番の潜水チャンピオンはシロナガスクジラではないのだろうか。

体重一〇〇トンという空前絶後の巨軀を誇るシロナガスクジラは、さぞかしすごい潜水能力を持っていると思いきや、最近のバイオロギング調査によると、潜水深度はせいぜい二〇〇メートル程度、潜水時間はおよそ一〇分にすぎない。彼らには申し訳ないが、はっきりいって拍子抜けである。

その原因は、海中で巨大な口をガバッと全開にして魚やオキアミを海水ごと飲み込み、ヒゲの隙間から海水だけを排出するという、あの特殊な食事の仕方にある。一回で口の中に取り込む水の量は、体積にしてマイクロバス一台分にもなるという。膨大な水の抵抗を口の中に受け、それでもなお体を前進させるために、クジラは途方もないエネルギーを使う。車に喩えるなら深いぬかるみの中でアクセル全開にしているようなもので、ガソリンはたちまちになくなってしまう。

かくして酸素保有量に対して酸素消費速度の極めて速いシロナガスクジラは、大迫力の巨軀とはうらはらに、実にまめまめしく水面に出て呼吸することになる。

謎のベールに包まれたアカボウクジラ軍団

二〇三五メートルという途方もないマッコウクジラの潜水記録。これが何者かに破られる日はくるだろうか。私はきっとくると思う。それは謎のベールに包まれた超エリート潜水士軍団、アカボウクジラ科がいるからだ。

アカボウクジラ科にはアカボウクジラ、ツチクジラなど二一種が含まれ、水族館でおなじみのハンドウイルカにも似たくちばしを持った顔に、寸胴の大きな体がついているのが特徴である。

沿岸にはほとんど近づかない外洋性の生態をしており、くわえて四〇~五〇分にもわたる長い潜水を綿々と繰り返しているので、人間の目に触れることがほとんどない。手に入る生物試料が少ないので分類が定かではなく、新種が発見される余地さえまだ十分に残っている。実にアカボウクジラ科はあらゆる哺乳類の中でも最も未知なグループの一つであり、広大無辺な海の不思議さ、調査の困難さを象徴している。

クジラのバイオロギング調査は大変である。クジラはアザラシやペンギンと違って海から上がることがないので、陸上で捕獲することができないし、巨大すぎるのでマグロのように釣り上げることもできない。だからクジラの研究者は、海の上でボートを走らせてクジラを追いかけ、呼吸のために浮上してきたクジラの背中を狙い、タイミングよくペッタンと記録計を張り付けるしかない。

今ペッタンと言ったけれど、記録計の取り付けに使うのはトイレのすっぽんにも似た半球型の吸盤なので、本当にペッタンである。クジラの表皮はゴムの長靴みたいにつるつるしていて、吸盤がよくくっつく。誰が考案したのかは知らないが、アイデア賞ものだと思う。

吸盤と記録計のセットは長い竿の先に付け、ボートの上からクジラの背中に向けて竿を伸ばし、直接ペッタンと張り付ける。あるいはボートの上から吸盤と記録計のセットをボーガンで飛ばし、遠隔的にクジラの背中に張り付けるやり方もある。私の大学院の後輩でマッコウクジラを長年研究している青木かがりさん（現セントアンドリユーズ大学研究員）は、その「ボーガン式」の射手である。もう一〇年近く前になるが、彼女は大学院生の頃、調査船に備えてある米俵みたいなフェンダー（緩衝材）を仮想のクジラに見立て、射撃の訓練に余念がなかった。私がボーガンなんてどこで売っているのかと不思議に思って尋ねたところ、「武器屋で売ってますよ」とさらりと答えてくれたけれど、ファミコンゲームじゃあるまいし武器屋なんてどこにあるのだろう。

クジラの表皮にペッタンと張り付けられた吸盤は、それほど長持ちはしない。水の抵抗を受けて次第に吸着力が弱まり、一日も経たないうちに剝がれ落ちるのが普通である。剝がれ落ちた記録計は海面に浮かび、電波が発信される。電波を頼りに探し出し、首尾よく回収することができれば、めでたくクジラのバイオロギングデータが手に入る。

クジラの中でもマッコウクジラやシャチのような種類は、季節ごとの出没場所がだいたい予測でき、かつ沿岸部にも寄ってくるので、調査の難度はそれほど高くない。それに比べてアカボウクジラ科のクジラは徹頭徹尾、外洋性であり、見つけられないし近寄れない。調査船の上から目を皿にして、やっとのことで見つけたそばからポチャリと潜水を開始してしまい、その後四〇~五〇分は海面に出てこない。とうとう出てきたと思えばあさっての方向で、慌てて船をまわす間にまたポチャリ。どんなに忍耐強いクジラ研究者もイライラがつのるばかりのウルトラE難度である。

国際水産資源研究所の南川真吾さんはアカボウクジラ科の一種、ツチクジラのバイオロギング調査のために一カ月間の航海を敢行したが、クジラに近寄れたチャンスは数えるほどしかなく、結局一頭にしか記録計が取り付けられなかったとぼやいていた。それを聞いた私はアザラシは楽でいいなあと心から思ったものである。

一事が万事、そんな調子なので、アカボウクジラ科のクジラのバイオロギングデータはいまだ数えるほどしか報告されていない。

ただし報告された数少ないデータを見てみると、その迫力たるやものすごい。アカボウクジラにせよツチクジラにせよコブハクジラにせよ、深さ一〇〇〇メートル、長さ一時間という超ド級の潜水を当たり前のようにこなしている。私の研究していた南極のアデリーペンギンなんか、八〇メートルで三分間の潜水がせいぜいなので、一口に潜水動物といっても、その能力には桁違いのバリエーションがある。そしてそのバリエーションの大部分は、マッコウクジラのところで説明したように、体の大きさの違いに起因している。

それに目を引くのが特徴的な潜水パターンである。アカボウクジラ科のクジラは一度ドーンと一〇〇〇メートル級の深い潜水をした後、四〜五回ちょん、ちょんと浅くて短い潜水を繰り返す。浅くて短いといっても三〇〇メートル、一五分には達しているのがアカボウクジラ科のすごいところだが、それはともかく、このようなパターンは他のいかなるクジラやアザラシにも例がない。

この不思議な連続潜水を詳しく分析したピーター・タイアック博士（セントアンドリューズ大学）によれば、クジラが本気になって獲物を探しているのはのっけの深くて長い潜水のときだけだという。一〇〇〇メートル、一時間というスーパー潜水は彼らにとってもも楽な運動ではなく、体内に蓄えた酸素のほとんどを使い果たしてしまう。そのため、ちょうど疲労困憊のアスリートが歩行などの軽度の運動で疲れを回復させるように、クジラも浅くて短い潜水を繰り返すことによって、疲れを癒していると考えられている。

いずれにせよアカボウクジラ科のクジラたちの高すぎる潜在能力の片鱗しか、私たちはまだ知らない。今後この超エリート潜水士集団のバイオロギング調査が進展すれば、二〇三五メートルというマッコウクジラの記録が破られる日はきっとくるだろうし、動物の身体能力の限界に挑むような潜水の謎が次々と明らかになるだろう。すごく楽しみにしているから、クジラ研究者の皆様、記録計装着のイライラにもめげずにがんばってください。

ウミガメの掟破りの一〇時間潜水

というわけで圧倒的な潜水能力を誇るアザラシやクジラを紹介してきたが、最後に登場するのは爬虫類のアカウミガメ。

日本の近海でも見られるアカウミガメは、潜水深度こそアザラシやクジラに遠く及ばないものの、潜水時間ならば一〇時間というぶっちぎりの記録を残している。一〇時間！　あのマッコウクジラでさえ最長の潜水時間記録は八三分なのに。

これにはからくりがある。ウミガメ（爬虫類）がアザラシやクジラ（哺乳類）と潜水時間を競うのなら、ウミガメはまるで自転車レースに一人だけモーターバイクで出場しているような圧倒的に有利な状況にある。

ウミガメは体温を能動的にコントロールする生理機構をもたない変温動物である。環境の温度が上がれば体温も上がるし、環境の温度が下がれば体温も下がる。いっぽう恒温動物であるアザラシやクジラは、代謝という名のかまどに薪をくべ、ごうごうと燃やし続けることによって体温をいつでも三八度前後に維持している。

変温動物はかまどを持たないぶんだけ恒温動物よりも省エネである。日常生活で消費するエネルギーも、ひいては消費する酸素の量もとる食べ物の量も、同じ体の大きさで比較した場合、変温動物のほうが一桁小さい。チュンチュンとめまぐるしく動き回る庭のスズメに比べて、お堀の石垣の下で甲羅干しをしているミシシッピアカミミガメ（いわゆるミドリガメ）がいかにものんびりしているのは、恒温動物と変温動物の根源的な差である。

動物の潜水時間が酸素の保有量と消費速度とのバランスで決まるのは、先ほど説明した通りである。酸素の保有量が多ければ多いほど、また酸素の消費速度が遅ければ遅いほど、長い時間にわたって息を止めることができる。

ウミガメを同じくらいの体重のアザラシと比較した場合、肺、血液、筋肉という「酸素ボンベ」の大きさには顕著な差はない。けれどもそれを使う消費速度はウミガメのほうが圧倒的に遅いので、結果としてより長く潜っていられる。圧倒的に有利な状況といったのはそういうことである。

それにもっとタネを明かせば、一〇時間というアカウミガメの潜水時間は、食べ物の少ない冬の時期に記録されたものである。この時期、ウミガメは冷たい海の底でじっとしていることが多いので、酸素の消費速度はいっそう小さくなる。水中で息を止めて石のように動きを停止している状態を潜水と呼んでいいものか、定義上の問題にもなってしまうけれど、ともかくウミガメは徹底した酸素の質素倹約によって掟破りの記録を作った。

潜水能力を決める三つのポイント

さて、いろいろな動物たちの潜水能力を概観してきたが、そろそろ根源的な疑問に移っていきたいと思う。アザラシやクジラやウミガメは、どうしてそれほどまでに深くて長い潜水が可能なのだろう。人間とはいったい何が違うのだろう。

体の大きさが最も重要なファクターであることはマッコウクジラのところで説明した。クジラ以外の動物を見てみても、ペンギンの中の潜水チャンピオンは最も大きなエンペラーペンギンだし、アザラシの中の潜水チャンピオンは最も大きなゾウアザラシである。

でもそれだけではない。人間と同じくらいの体重七〇キロのアザラシが、ジャック・マイヨールも裸足で逃げ出すくらいに深く、長く潜るのは厳然たる事実である。だから潜水する動物たちは、体の大きさの効果を差し引いても、人間とは違う何かをもっているはずである。その何かとはいったい何だろう。

潜水とは肺、血液、筋肉という体内の「酸素ボンベ」に蓄えた酸素をじわじわと消費していくプロセスである。それを長持ちさせようとすれば、できることは原理的に三つしかない。（一）ボンベを大きくするか、（二）消費速度を下げるか、（三）ボンベをきれいに最後まで使い切るか。

そして潜水動物たちは、それら三通りの解法のすべてをきちっと実践している。そもそも生命活動の根源である酸素の消費をマネジメントするのに、安易な解法はありえない。潜水動物たちはおよそ考えられるメカニズムを総動員し、長い時間をかけて少しずつ潜水能力を進化させてきた。

（一）酸素ボンベを大きくする。これは最もシンプルかつ効果的に潜水時間を延ばす方法である。

よく研究されているアザラシを例に話を進めよう。肺、血液、筋肉という三種の酸素ボンベをアザラシは持っているが、意外なことに、肺の貢献度は一番小さい。アザラシの肺のサイズは、同じくらいの体重の陸上哺乳類（たとえばクマやイノシシ）と比べても顕著な差はなく、特に多くの空気を吸い込めるわけではない。

そしてもっと意外なことに、アザラシは潜水の前にフーッと息を吐き出してしまう。あろうことか肺という貴重な酸素ボンベの中身を、潜水の前に自ら減らしてしまうのである。

もちろんそうするからには、そうするだけの理由がある。アザラシが息を吐き出してから潜り始めるのは、潜水病という致死的な病を避けるためだと考えられている。

潜水病ってそもそも何だろう。

仮にアザラシが肺に空気をたっぷりと吸い込んでから潜水を開始したとしよう。肺の中の空気に含まれる酸素は少しずつ、肺の周りに縦横に張り巡らされた毛細血管に取り込まれ、体中を巡って生命活動の源となる。この点だけを見れば、空気を吸い込んで潜ることはアザラシにとって明らかにプラスである。

けれども問題は、酸素が毛細血管に取り込まれる折、空気の四分の三を占める窒素も同時に血中に取り込まれてしまうことである。窒素は酸素と違って消費されることはないので、一度取り込まれてしまえばいつまでも血中に居座り続ける。そのうえ潜水中は、血管にも高い水圧がかかっているので、次から次へと新しい窒素が血中に押し込まれていく。圧力が高ければ高いほど多くの気体が液体に溶解するというのは、古典的なヘンリーの法則である。

もしこの状態でアザラシが急浮上すると、血中にたっぷり溶け込んだ窒素が一挙に水圧から解放され、まるでソーダ水のボトルの蓋が開けられたときのように、シュワシュワと泡になる。泡は体内のあらゆる部位で毛細血管をせき止め、生命活動を支える血液の流れを阻害し、最悪の場合は動物を死へと至らしめる。これが潜水病である。

そうならないためにアザラシは潜水を始める前に空気を吐き出すのだと考えられている。したがってアザラシが体内に持つ大きな酸素ボンベは肺ではなく、血液と筋肉である。

まず血液。高校の生物学でも習う通り、血液に含まれる赤血球は、ヘモグロビンと呼ばれる鉄分を核とした色素をもっており、それが酸素と結び付くことによって、体中に酸素が運搬されている。ここで重要なのは、ヘモグロビンが酸素の運搬装置としてだけではなく、酸素の貯蔵庫としても機能している点である。

人間の場合、重さにして体重の約八パーセントが血液である。六〇キロの人間ならおよそ四・五リットルの血液を体中に巡らせている計算になる。いっぽうアザラシの場合、体重三五〇キロのウェッデルアザラシで五〇リットルもの血液をもっている。重さの換算で体重の一五パーセントにもなる。

それにくわえてアザラシは赤血球の量が多い。血液中に含まれる赤血球の体積割合をヘマトクリット値と呼び、ヒトでは四〇パーセント前後が正常値であるが、アザラシの場合は六〇パーセントにもなる。

つまりはやい話、アザラシは濃い血をたくさんもっていて、そのために血中にたくさんの酸素を貯蔵することができる。

次に筋肉。血液とともに筋肉も、体内の酸素ボンベとして大きな役割を果たす。アザラシはもちろんのこと、ペンギンもクジラもウミガメも、海に潜る動物は例外なく、体幹部の筋肉は赤黒い色をしている。それはミオグロビンと呼ばれる、ヘモグロビンと構造の似た酸素と結合する色素が際立って多いからである。

しょうもない自慢だが、私はアザラシならバイカルアザラシ、ズキンアザラシ、アゴヒゲアザラシの三種の肉を食べたことがある。おいしいかと訊かれれば微妙なところで、どれも血なまぐさいため、ショウガやニンニクなどの香辛料をたっぷり効かせて料理しないと食えたものではない。なかでもロシアのバイカル湖で食べたバイカルアザラシの肉は、単に塩ゆでしただけの野趣に富みすぎた料理だったので、「フクースナ」（おいしい）の笑顔もこわばりがちに我慢して呑み下した。

食べたことはないが、ペンギンも同じだと思う。私は講演会などでしばしば「ペンギンの肉はおいしいですか」と訊かれるが、そういうときはペンギンの筋肉の赤黒さを説明して「鶏のほうがきっとおいしいですよ」と答える。一〇〇年前の南極探検の時代、イギリスのスコット隊もノルウェーのアムンゼン隊も、そして日本の白瀬隊もペンギンを食べていたに違いないが、それは味がおいしかったのではなく、背に腹はかえられなかっただけだと思う。

そういうわけでアザラシ、クジラ、ペンギンたちは、血液と筋肉という二種類の酸素ボンベが人間のそれよりはるかに大きく、そのために人間よりもはるかに長く息を止めることができる。なお、ペンギンに限って言えば、肺も大きな酸素ボンベとして機能していることがわかっており、ではどうやって潜水病を避けているのかと言われれば、それはまだよくわかっていない。

酸素は残さず使いましょう

（二）酸素の消費速度を下げる、という工夫については動物たちの多彩な形態的、生理的、行動的な適応がからみ、いささか複雑である。そこで先に（三）酸素ボンベをきれいに最後まで使い切る、について説明しておこう。

アザラシやペンギンが潜水している間、体内の酸素はじわじわと消費され、減っていく。当たり前のことである。しかし驚くのはその終盤、アザラシやペンギンの体内の酸素量は人間ならとうに意識を失っている極めて低いレベルにまで下がり、それでも彼らはぴんぴんと泳ぎ続ける。

この事実を発見したのは、スクリプス海洋研究所（アメリカ）のポール・ポンガニス博士である。彼は現在、動物による潜水の不思議を明らかにする潜水生理学の分野でのぶっちぎりのトップランナー。第三章で述べたように、スクリプス海洋研究所には「巨人」ショランダーから「先駆者」クーイマンへと続く潜水生理学の伝統があり、ポンガニスはその流れを汲む由緒正しき後継者である。

余談だが、アメリカの研究者と話していてうらやましく思うのは、恩師の名前を挙げていくと必ずアッと驚く「伝説の人」の名前が出てくることだ。私たち日本人の研究者が感銘を受け、しつこいくらいに読みなおした論文の著者を彼らは直接知っており、それどころか実験のアドバイスを受けたり、あるいはもっと大事な研究に対する姿勢などを教わったりしている。アメリカの高い学術レベルの根底には、師匠から弟子へ、弟子から孫弟子へと学問を正しく伝える相伝の確かさがあると私は思っている。

ポンガニスは私も個人的に知っているが、他の誰にもできない精密な動物の手術をする職人的な生理学者である。アザラシやペンギンに麻酔をかけ、微細な血管あるいは筋肉のピンポイントの位置にセンサーを差し込むことができる。もちろん実験が終われればセンサーをきれいに取り除いてから動物を野生に返す。そして彼はそのようにして、動物の潜水中の酸素保有量の変化をバイオロギングで計測することに世界で初めて成功した。アザラシやペンギンが潜水の終盤、人間ならとても耐えられない低レベルの酸素量に耐えていることを発見した。

なおポンガニスは人並み外れたハードワーカーでもある。彼と彼の学生たちが一時的にシェアして滞在していた家に、私も縁あって一週間くらい泊めてもらったことがある。私や学生たちが「疲れた〜」と言ってベッドにもぐりこむ頃、ポンガニスはひとりでまだ静かに机に向かっており、「よく寝た〜」と起き上がってくる頃、ポンガニスは既にもう机に向かっていた。ご丁寧に私や学生たちの分までコーヒーが淹れてあったりして、脱帽というか、申し訳ないというか、この人には逆立ちしたってかなわないと思った。

というわけで潜水動物は低酸素への耐性がはなはだ高く、そのため体内の酸素ボンベをきれいに最後まで使い切ることができる。けれども残念ながらそれを可能にする生理学的なメカニズムは、いまだほとんどわかっていない。

燃費を上げるのは大変

いよいよ最後、(二) 酸素の消費速度を下げる、の説明に入ろう。酸素の消費速度を下げるための適応は極めて複雑だが、形態的、生理的、行動的な適応の三種類に分けて整理すると本質が見えてくる。

まず、形態的な適応について考えてみよう。ペンギンやアザラシやクジラは、水の抵抗を減らす流線型の体、効率よく水をかくためのフリッパーやひれなど、海の中を泳ぐのに適した姿かたちをしている。これら遊泳のための形態的特徴はそのまま、潜水中の酸素の消費速度を抑え、ひいては潜水時間を延ばすことにも貢献している。

次に、生理的な適応について見てみると、最も重要なのは「生理学の巨人」ショランダーが発見した潜水徐脈である。潜水動物は潜水を始めると、心拍数が下がり、体中を巡る血液の流れのパターンが変化する。脳などの生体機能の要となる部位の血流は維持したまま、手足の末端部などの血流は閉じられる。それによって体中のトータルの酸素消費速度が抑えられ、潜水時間を延ばすことができる。

くわえてペンギンやウミガラスなどの海鳥は、潜水中にいくらか体温を下げることが知られている。体温が下がれば、代謝という名の化学反応の速度が落ち、体内の酸素の消費速度が抑えられる。

では最後に、行動的な適応とは何だろう。

動物の体がどう作られているかではなく、動物がどう振る舞うかによっても酸素の消費速度は大きく変動する。ちょうど車の燃費の良し悪しが、エンジンや車体の性能のみによって決まるのではなく、ドライバーによる運転の仕方（急発進の有無、走行速度の選択等）によっても大きく変わることと同じである。

近年のバイオロギング調査により、ペンギンやアザラシやクジラは酸素の消費速度を下げるための様々な行動的適応をしていることがわかってきた。

一つは最適速度の選択である。第二章で詳しく説明したように、私はかつて、様々な潜水動物たちが普段泳いでいるときの速度のデータを比較検討したことがある。その結果、彼らは巨大なタンカー船の船長がそうしているように、あるいは空を飛ぶジャンボジェット機のパイロットがそうしているように、速すぎもせず遅すぎもしないベストの速度（＝燃費が最もよくなる速度）を意図的に選択していることがわかった。

そしてもう一つ。潜水動物たちは浮力という水中でのみはたらくユニークな物理現象を巧みに利用して泳いでいる。水中にある物体には、それが押しのけた水の重さに等しい上向きの浮力がはたらくというのがアルキメデスの原理だが、そんなこと当然わかっておりますよと言わんばかりに、潜水動物たちはうまく振る舞う。そしてそれは、バイカルアザラシを対象にした私自身の研究によって明らかになった。

そこで本章の後半ではしばし、バイカルアザラシのお話。

——とその前に、動物たちの潜水能力についてわかったことをまとめておこう。

潜水する動物の法則

動物界の潜水チャンピオンは、現在のところ二〇〇〇メートルを超える潜水を記録したマッコウクジラである。ただしゾウアザラシからもそれに近い深さの潜水が記録されている。これらの記録を将来塗り替える可能性があるのは、いまだ謎の多いアカボウクジラ科のクジラたちである。

なぜそこまで深く潜るかといえば、それは獲物となる生物との長年にわたる駆け引きの結果としてそうなった。獲物である魚やイカにとっては、日光が届いてプランクトンの多い浅い深度は魅力的ではあるが、アザラシやクジラの射程深度には入りたくない。いっぽうアザラシやクジラは、魚やイカを出し抜くほど深く潜って、それを捕ろうとする。そのような駆け引きの結果、一部のアザラシやクジラにおいて傑出した潜水能力が進化した。

ではなぜ深い潜水が可能なのかといえば、一つにはゾウアザラシにせよマッコウクジラにせよアカボウクジラ科のクジラにせよ、体が大きいからである。一般的にいって、体内の酸素保有量は体重に比例して増えるが、酸素の消費速度は体重に比例するほどには増えない。だから体の大きな動物ほど、酸素の消費速度に対して酸素の保有量が大きくなり、長く息を止めることができる。

マッコウクジラに関していえば、脳油の比重を能動的に調整することによって潜水を楽に成し遂げているという有名な仮説がある。しかし残念ながらその仮説は近年のバイオロギング調査によって反証された。

深度はさておき、潜水時間については一〇時間という耳を疑うような記録がウミガメの調査から報告されている。これほど長時間の潜水が可能なのは、ウミガメは変温動物であり、酸素の消費速度が恒温動物と比べて一桁も小さいからである。

体の大きさの効果を差し引いたとしても、アザラシ、ペンギン、クジラ、ウミガメなどの潜水動物は極めて優れた潜水能力をもっている。それは、(一) 体内の酸素ボンベが大きく、(二) 酸素の消費速度が遅く、(三) 体内の酸素ボンベを最後まで使い切ることができる、という三つの効果が合わさった複合的な結果である。

それではいよいよ、バイカルアザラシに登場を願おう。

まるまると太ったバイカルアザラシ

バイカルアザラシ——その名前を聞くだけで、あるいは字面を見るだけでも、私はあの奇妙な肥満体やフィールド調査のあれやこれやが脳裏に蘇ってきて、ついニンマリとしてしまう。

東大の大学院生だった二〇〇三年から二〇〇七年にかけて、私はロシアのバイカル湖に生息するバイカルアザラシの潜水行動を研究した。当時は毎年夏か秋、あるいはその両方にバイオロギング機器を持ってバイカル湖に行っていた。人生初めてのフィールド調査が世界遺産のバイカル湖とはなんとも贅沢な話であるが、寛大な指導教官の宮崎信之先生がそういうチャンスを私にくれた。

バイカルアザラシはむくむくに太った姿かたちがとてもユーモラスである。なるほどアザラシという動物は概して丸々としているものだが、それにしてもバイカルアザラシの太り方は常軌を逸している。まだ見たことのないかたは、日本国内八カ所の水族館で飼育されているバイカルアザラシをぜひとも見に行っていただきたいと思う。丸いボールに手足がついたような常識破りの姿かたちにギョッとされるに違いない。私が初めて野生のバイカルアザラシの体形を測定したときは、体長よりも胴回りのほうが長いことに気付いて思わず笑ってしまった。世界中の哺乳類の中でも、そんな逆転現象が起きるのはバイカルアザラシくらいだろう。

なぜそこまで太っているのだろう。答えは私が研究を進めるにしたがって、少しずつ明らかになっていった。キーワードは浮力と脂肪。そしてバイカルアザラシは淡水にすむ極めて珍しいアザラシである。

バイカルアザラシのバイオロギング調査は難度D、つまり難度ウルトラEのアカボウクジラ科ほどではないが、それでも相当に難しい。警戒心が強く、一度記録計を取り付けて放流したら最後、そそくさとどこかへ泳ぎ去ってしまい、二度と姿を見せることはないからである。南極のアザラシやペンギンのように、もう一度捕獲して機器を回収できる可能性はほとんどゼロだ。

それで私は第三章で述べたようなドタバタ劇を経て、記録計だけをタイマーで動物の体から切り離し、電波信号を頼りに回収するシステムにたどり着いた。自分で言うのもなんだが、再捕獲ができない動物からもバイオロギングのデータが得られるようになる、画期的なシステムがここに確立されたわけである。

でもデータがじゃんじゃん集められる態勢が整ったかといえばそうではなく、次なる問題は、実験に使うバイカルアザラシがなかなか手に入らないことであった。

二〇〇五年の秋、相棒のバラノフさんとともに生きたアザラシを手に入れるため、アザラシ漁が行われているバイカル湖東岸のチィビルクイ湾を訪れたことがある。バイカルアザラシは毛皮をとるために、ロシア政府の許可のもとで毎年数千頭が捕獲されているので、そのうちの何頭かを買い取る計画であった。けれども現地で行われていたのは、水中に仕掛けた刺し網でアザラシを搦め捕る乱暴な漁だった。揚がってくるアザラシのほとんどは既に溺死しており、三週間現地に滞在したが、溺死する前に引き揚げられた幸運なアザラシはわずか一頭しか手に入らなかった。

一事が万事、そんな調子なので、集まったバイカルアザラシの潜水行動データは二〇〇四年に二頭、二〇〇五年に一頭。まるでシーラカンスか何かレアなサンプルでも集めているような、動物の生態調査としては異例のスローペースだった。

泳ぎ方が違う三頭のアザラシ

とはいえデータの価値は数では決まらない。それまで誰も知らなかったバイカルアザラシの潜水行動が明らかになったのだから、たった三頭のデータでも価値は極めて高い。

データを見てまず驚いたのは、バイカルアザラシの潜水能力の高さだった。記録された最大の潜水深度は三二四メートル。体が大きな動物ほど潜水に有利なのは、本章で繰り返し強調してきた通りだが、バイカルアザラシは世界最小クラスのアザラシであり、成獣でも体重は四〇~六〇キロほどしかない。体が小さいというハンデを背負ってさえ三〇〇メートル超えの潜水を見せるバイカルアザラシは、あらゆるアザラシやクジラの中でもトップクラスのダイバーといえる。

なおバラノフさんの過去の研究によれば、バイカルアザラシの筋肉に含まれるミオグロビンの濃度は他のアザラシと比べても高いレベルにある。つまりこのアザラシの類まれな潜水能力は、生理学的な側面からも裏付けられている。

加えて私が面白く思ったのは、バイカルアザラシの潜水中の足ひれの動かし方だった。深度とともに記録される加速度のデータからは、遊泳運動にともなうアザラシの体の左右の揺れを読み取ることができる。

それによると、アザラシは潜水中、常に足ひれを振って能動的に泳いでいるわけではなく、しばしば足ひれの動きをぴたりと止め、重力や浮力に身を任せて受動的に前に進んでいた。ところがそのような泳ぎ方のパターンが、今までにデータを集めたった三頭のバイカルアザラシ（デーモン、ズルーカ、マーシャとそれぞれ名付けていた）でそれぞれ異なっていた。

デーモンはいわば「完全沈降型」。潜水を開始するや否や足ひれの動きを止め、重力に身を任せてスーッと沈んでいく。浮上の際には逆にパタパタと盛んに足ひれを振って能動的に泳ぐ。

それに対してズルーカは「半沈降型」。潜水を開始してもしばらくは足ひれを振って能動的に泳ぐが、深さ五〇メートル付近でひれの動きを止めて、スーッと自動運転に入る。こんなことが起こるのも、深度が増すほどに、水圧によって肺の空気が圧縮され、体が沈みがちになるからである。アザラシは空気を吐き出してから潜り始めると先に説明したが、完全にカラにするわけではなく、いくらかの空気は肺に残っている。そしてそのような残気量は水中で強い浮力を生じる。

最後にマーシャは「中性浮力型」。このアザラシは潜っていくときも浮上するときも自動運転は見せず、いつもリズミカルに足ひれを振って泳いでいた。

なぜ同じバイカルアザラシなのに、泳ぎ方には大きな個体差があるのだろう。たとえば陸上を歩くシカやイノシシの行動を記録したとして、三頭が三頭とも違う歩き方をするとはよもや考えられない。これは浮力という水中に特有の現象が関わる、すこぶる面白い問題であるように私には思えた。

浮き沈みの原因は肥満度？

バイカル湖の漁師は網の中で溺死したアザラシを引き揚げ、岸辺に水揚げすると、すぐに毛皮をとるための解体プロセスに入る。鋭く研がれたナイフをアザラシの皮下脂肪と筋肉との境目に差し入れ、まるで分厚いコートを脱がせるように皮下脂肪を上手に引きはがしていく。厚さが六〜七センチもある皮下脂肪がすっかり引きはがされると、あとに残るのはひょろりと頼りないアザラシの本体である。

漁師はその後、皮下脂肪と筋肉とを別々にロープにつなげ、バイカル湖の水にさらして血抜きをする。そののちに皮下脂肪から脂肪部分だけをそぎ落とせば目的とする毛皮が手に入るし、血抜きをした筋肉はおもに飼い犬の（たまに人の）食料になる。

私はその日、なんとなしに湖畔を歩いていて、水にさらされている皮下脂肪と筋肉を目にし、アッと思った。皮下脂肪は湖面に浮いてちゃぷちゃぷと波音を立てているのに、筋肉はロープの先に静かに沈んでいる。アザラシの泳ぎ方の個体差の原因はこれではないか。

脂肪は浮き、筋肉は沈む。ということは「完全沈降型」のデーモンは体脂肪の少ないやせたアザラシだったのではないか。「中性浮力型」のマーシャはおそらくたっぷりと皮下脂肪を蓄えた肥満体。そして「半沈降型」のズルーカは太り具合が両者の中間だったのではないか。もっと一般的に言うのならば、アザラシたちは自らの肥満度に合わせた泳ぎ方を選択することで、うまく酸素消費速度を抑えているのではないか。きっとそうに違いない、と私はいくぶん興奮した頭で考えた。でもどうしたらこの仮説を検証できるだろう。

たぶん一番ストレートなやり方は、バイカルアザラシの肥満度と泳ぎ方のデータをたくさん集め、相関関係を調べることである。もしやせたアザラシほど「完全沈降型」であり、太ったアザラシほど「中性浮力型」であるという傾向が出れば、首尾よく仮説が証明されたことになる。

でもそれでは時間がかかりすぎる。バイカルアザラシのデータはどれだけがんばっても、一年に一、二頭という超スローペースでしか増えていかない。相関関係を調べられるほどのデータセットが揃うまでには、オリンピックが二、三度開催されてしまうだろう。

変化球を投げねばならない。一頭のアザラシを大事に使って、かつ肥満度と泳法との関係を明らかにできるとびきりの変化球を。

私はアザラシに重りを取り付けることにした。

アザラシに重りを付ける

私のアイデアはこうであった。一頭のバイカルアザラシにバイオロギング機器とともに、鉛の重りを取り付けて放流する。重りのためにアザラシの体の比重が一時的に増すので、仮想的なやせた状態と見なすことができる。そして途中で重りだけをぱちりと切り離す。そうすれば重りを失ったアザラシは、もとの太った状態に戻ったことになる。最後に記録計を切り離して回収すれば、やせたアザラシと太ったアザラシの両方のデータが手に入ったことになる。

このアイデアのポイントは、仮想的な二頭のアザラシは年齢も、性別も、性格も、筋肉中のミオグロビン含量さえもすべて完全に等しく、唯一太り具合だけが異なっているという点にある。だから相関関係をとるやり方とは違い、太り具合の影響のみを厳密に調べることができる。

バラノフさんに話してみたところ「グッド・アイデア」と親指を立て、二つ返事でのってきてくれた。「すぐにやろう」

バイカル湖の湖畔にぽつんと建つバラノフさんの研究室は、おびただしい工作機器や資材がみっしりと並んでいて、研究室というより作業場である。彼は早速その研究室の奥から鉛のがらくたを持ち出してきて、ガスバーナーであぶって溶かし、特製の重りを作ってくれた。

そして私たち二人は、しばらく前にバイカル湖で捕獲され、研究室で飼育されていたオスのバイカルアザラシの背中に、重りと記録計とをしっかり取り付けた。特製の切り離しタイマーを二個使い、放流から一日後に重りがまず切り離され、ひきつづいて放流から三日後に記録計が切り離されるようにした。最初の一日は「やせた」アザラシのデータが手に入り、残りの二日間は「太った」アザラシのデータが記録できるという算段であった。

なおこのアザラシはバラノフさんの提案でマキータと名付けた。ロシアでもよく知られた日本の電動工具メーカー、マキタ（Makita）を英語風に発音したものである。工作好きのバラノフさんらしい命名で私もすぐに気にいった。

それから私とバラノフさんはマキータを木箱に入れて車に載せ、研究室からほど近いバイカル湖の浜辺に運び、蓋を開けて湖に放った。マキータは一目散にダッシュして湖に入り、たちまちにして見えなくなった。三日後にはどんな結果が待っているのか、一割の期待と九割の不安が入り混じった気持ちで私はそれを見送った。

三日後。記録計の切り離し予定時刻の三〇分も前から、見晴らしのいい山の中腹で電波受信用のアンテナを構え、電波信号が入るのを待った。その日の私は食事もろくにのどを通らないほど緊張していた。心臓をバクバクと高鳴らせながら、切り離し装置が正常に作動し、予定通り電波信号が入ってくることを祈った。

ジャスト予定時刻。何も聞こえてこない。ゾッと背筋が寒くなる。予定時刻から一〇分が過ぎ、二〇分が過ぎる。それでも電波受信機からはザーザーというノイズしか聞こえてこない。アンテナを握る手には脂汗。バラノフさんとの会話も途絶える。悪い夢でも見ているような気分で一時間以上待ったが、とうとう何も受信できなかった。

何が起こったのかはわからないが、マキータが電波の届かない距離まで泳ぎ去ってしまった可能性がある。三日間もアザラシを自由に泳がせたのは、私たちにとっても初めての経験だったので、何キロくらい先に行ってしまうのかは予想がつかなかった。目の前が真っ暗になりながら、それでも一縷の望みは捨てずに、私たちはすぐに電波探しの旅に出た。

電波の受信は標高が高ければ高いほどいい。そこでバイカル湖の湖畔に沿ってバラノフさんの三菱デリカを走らせ、登れそうな山を見つけては電波受信機とアンテナを持って山頂まで登る。山頂で電波の受信を試し、駄目なら下山して次に向かう。ひたすらこれの繰り返しである。汗だくになって登山と下山を繰り返す私たちがまさかアザラシの調査中とは、お釈迦様でも気付くまいと思った。

そのようにして電波探しを二週間にわたって続けたが、聞こえたのはあいも変わらぬ電波受信機のザーザーというノイズ音だけ。わずかな手がかりさえ得られないまま、バラノフさんにさよならを言い、深い落胆のうちに帰国する羽目になった。

とびきりのアイデアを練り、周到に準備をして、慎重に実行に移したつもりでいた実験は、データゼロという痛恨の結果に終わった。

奇跡のデータ

日本に帰国して三週間ほど経ったある日のこと、バラノフさんから一通のメールがきた。マキータに取り付けた記録計が見つかったという。ボート遊びをしていた観光客がたまたま湖面に浮かぶ記録計を見つけ、郵送してくれたという。

ちょっと待て！　と私は研究室のイスからガタリと立ち上がった。バイカル湖は井の頭公園の池ではない。九州ほどの面積をもつ巨大な湖であり、周りはうっそうとした原生林が続いていて、そのところどころに電気も通っていない集落がぽつりぽつりと点在するだけである。「ボート遊び」をしていた「観光客」が「たまたま発見する」なんてことがあってたまるものか！

でも本当にあったのだから奇跡と呼ぶしかしようがない。確かに私たちは記録計に「これを拾って届けてくださった方には五〇〇〇ルーブル（当時で約二万円）差し上げます」というロシア語のメッセージを、バラノフさんの連絡先とともに書き込んでおいた。でもそれはいわばある種のおまじないであって、実際に機能することを信じていたわけではなかった。

バラノフさんはすぐに記録計を日本に送ってくれた。段ボールをカッターナイフで開き、きらりと黒光りする記録計と再会したときの興奮。パソコンにつなぎ、祈るような気持ちでデータをダウンロードしたときの緊張。データを目で見て確認し、完璧に美しい行動記録であることを確信したときの感激——あの日の心の昂《たかぶ》りは今でもありありと思い出すことができる。

データは予定していた三日分がきちんととれていた。マキータは最大で深さ三〇〇メートルほどの潜水を三日間続けたようである。そして何よりも気になるのは、重りの切り離しの効果である。放流からちょうど一日後に重りが切り離されたはずであり、私の仮説によれば、それを境にアザラシの泳法がガラリと変化しているはずである。私はまるで自分の受験番号を探す合格発表会場の受験生みたいに、心臓をバクバクさせながらデータをズームインしてその箇所を探した。

変化は劇的であり、すぐにわかった。重りの切り離し予定時刻ぴったりのタイミングで、アザラシの泳法がガラリと変わっていた。切り離しの前の「やせた」マキータは、デーモンのような「完全沈降型」であり、潜水を開始するや否や足ひれの動きを止め、あとは重力に身を任せてスーッと沈んでいた。浮上時には逆にぱたぱたと激しく足ひれを振って能動的に泳いでいた。いっぽう重りが切り離されたあとの「太った」マキータは、ズルーカのような「半沈降型」であり、潜水を開始してから五〇メートルくらいの深さまでは能動的に泳ぎ、そののちに重力を利用した自動運転を開始していた。

完璧に予想通りの結果であり、胸のドキドキが一層止まらなくなった。以前の三頭のアザラシに見られた泳法の差を、重りを付け、切り離すという人工的な操作によって再現することができた。この結果はとりもなおさず、アザラシが自らの肥満度によって泳法を使い分け、それによって酸素消費速度を減らし、潜水時間を延ばしていることを示している。

行動記録計を体脂肪記録計に

ところで私はごくまれにデータの解析法についてとびきりのアイデアを思いつくことがある。それは沖縄の街に霜が降りるくらい珍しいことだが、それでも確かに私の研究人生において何度かは起こった。不思議なことにそういうときはだいたい何も考えていない。シャワーを浴びていたり、自転車をこいでいたりするときに「ぽかり」という感じで突然アイデアが降ってくる。

そのときもそうだった。私は東京都中野区の東京大学海洋研究所の近くの、何の変哲もない路上を歩いていて「あ、これいけるかも」と思った。

アザラシが肥満度によって泳ぎ方を変えるのであれば、逆に泳ぎ方から肥満度を推定できないか？

肥満度というのは野生動物の健康状態を表す基本的な指標である。野生動物はたいてい食うや食わずのかつかつの生活をしているので、でっぷりと太っている動物がいれば、それはサバイバル能力に長《た》けた将来の明るい動物ということになる。逆にやせこけた個体は、残念ながら死への階段を一段上がった状態にある。

生態学の目的をひとことで言えば、生物の生死を理解することである。どのようにして生物が環境に適応し、次世代に命をつないでいるか。どのようなときに生物はうまく環境に適応できず、再生産率が死亡率を下回って個体数を減らしていくか。

だからもしアザラシの肥満度を遠隔的にモニタリングする手法を開発できれば、それはアザラシの環境適応の解明につながるだけでなく、生態学の大きなゴールに向かって歩みを進めたことになる。

私の脳裏に浮かんでいたのは、マキータが足ひれの動きを止めて重力を利用して沈降していく際の速度の変化である。速度はしばらくの間は新興企業の株価みたいにぐんぐんと上昇していくが、やがて頭打ちになって一定の速度に落ち着く。そしてその「末端速度」は、重りを背負った「やせた」マキータでずいぶんと速く、重りが切り離された後の「太った」マキータで遅かった。

「これは物理だ」と私は思った。足ひれを止めて沈降していくアザラシは、いわば非生物の運動体である。最初に速度が上昇していくのは、下向きにはたらく重力が上向きにはたらく浮力や水の抵抗を上回り、アザラシの体をどんどん下向きに加速させていくからである。速度がやがて一定に落ち着くのは、速度が上がれば上がるほど水の抵抗が増えるため、いずれは力の釣り合いが達成されるからである。さらに言えば、重りを背負ったマキータのほうが末端速度が速いのは、重りの重力の分だけ力の釣り合う速度が上にずれるからである。

だとすれば、アザラシの沈降はシンプルな自由落下の物理学として解くことができる。そして末端速度からはアザラシの体の比重を計算することができる。アザラシの体の比重はほぼ肥満度によって決まるので（脂肪は比重が軽く、筋肉や骨は比重が重い）、ひいてはアザラシの肥満度を見積もることができる。つまり行動記録計が、魔法のように体脂肪記録計に生まれ変わるのである。

そう、私のアイデアは、潜水中のマッコウクジラの比重を推定し、脳油を使った浮力調整の仮説を反証してみせたミラー博士のアプローチの発展版であった。

さらに私のアイデアがいいのは、比重の推定値の「答え合わせ」ができる点にある。普通はこのようにアザラシの比重を推定したとしても、それが合っているのか間違っているのか、事後的に確かめようがない。けれども今回のデータに限り、重りを背負っているマキータと、切り離された後のマキータの両方の比重を推定することができる。もし両者の差が、取り付けた重りの量から計算される差と等しければ、手法の正しさが証明されたことになる。

思うに生態学は捉えどころがなさすぎて、法則と呼べる法則があまりない。一見正しそうに見える法則でも、環境により、生物種により、季節により、ころころと猫の目のように変わってしまう。それに比べると物理学の法則は宇宙の法則である。対象がロケット「イプシロン」でも木星の衛星「エウロパ」でも、あるいはバイカルアザラシ「マキータ」でも等しく当てはまる。

だからバイオロギングの行動データは、物理というまな板に載せて調理することにより、まったく新しいものに生まれ変わる可能性を秘めている。そしてそのことを私に教えてくれたのは、ミラー博士のマッコウクジラの論文だった。

一カ月ほどかけて計算に取り組んだ結果、マキータの比重は一・〇一八とはじき出され、また「答え合わせ」によって手法の正しさを証明することができた。一・〇一八という比重は体脂肪率に変換すると、四五パーセント。じつにマキータは体重の約半分が脂肪であった。

異常な肥満？　なんの、バイカルアザラシにとっては月並みな数字である。

なぜバイカルアザラシは太っているか

では本章の最後に、なぜバイカルアザラシがこれほどまでに太っているのか考えてみよう。

アザラシやクジラにおける体脂肪の役割は何だろう。

第一に、エネルギーを溜めておくための貯蔵庫である。第二に、極寒の環境を生き抜くための防寒服である。この二つの機能に関しては疑問の余地はなく、とうの昔からわかっていた。

私のバイオロギング調査で明らかになったのは、体脂肪の第三の機能、すなわち体を浮かせるための浮き輪としての機能である。

やせてひょろひょろのアザラシにとって、一回の潜水は自転車で坂道を下り、上がってくる運動に似ている。前半の下り坂こそ、ペダルを止めて重力にまかせて進むことができるが、後半の上り坂ではハードワークが強いられる。

体脂肪が増えてアザラシの体が中性浮力に近づくにつれ、坂道の傾斜が緩くなっていく。前半の下り坂の楽さは変わらないが、後半の上り坂の大変さはずいぶんと和らげられる。その結果、下り坂と上り坂を含めたトータルの運動強度、つまり一回の潜水のトータルの運動強度は、中性浮力に近づくにつれて減っていく。

そしてもっと脂肪を身に付けた中性浮力のアザラシでは、一回の潜水はもはや坂道でさえなく、平坦な道をスイスイと行くがごとし。アザラシにとってはこれが一番理想的だろう。

ただし、浮き輪としての体脂肪の有効性は海水と淡水によって大きく違う。海水は淡水に比べて三パーセント比重が大きく、物体を浮かせやすい性質を持っている。極端な例を出せば、三〇パーセントもの塩分を含むイスラエルの死海では、人さえぷかぷかと浮かんで新聞が読める。

そしてもうお気付きかもしれないが、バイカルアザラシは世界で唯一、淡水のみに生息するアザラシである。淡水では海水に比べて体が沈みやすいので、浮かせるためにはより多くの脂肪が必要になる。私の計算によれば、同じ浮力を達成するのに、淡水では海水より三割以上も多くの脂肪を身に付けなければならない。いっぽうでエネルギー貯蔵庫としての機能、防寒服としての機能は淡水と海水で変わりはない。

結論を言おう。丸いボールのようなバイカルアザラシの体は、淡水というアザラシにとって特殊な環境で中性浮力を達成しようとした、長年にわたる適応の結果である。

第五章

飛ぶ

――アホウドリが語る飛翔の真実

離島での飛行百景

その鳥を初めて見たのは、インド洋に浮かぶ絶海の孤島、ケルゲレン島に向かう調査船の上だった。

私は船尾に立ってぼうっとしていた。見渡す限り何もない大海原の真ん中を、船はごうごうと音をたてて進んでいる。吹きつける風が気持ちいい。

アホウドリの群れが軽やかに風に舞っている。細長い翼を目いっぱい広げ、右に揺れ、左に旋回し、近づいたり遠ざかったりしながら船についてくる。どうやらこの調査船を漁船と勘違いし、おこぼれにあずかろうと企んでいるのだろう。

ふと気付けば、白くてやたら大きな鳥が一羽だけ交じっている。他のアホウドリと同じように滑空してはいるけれど、まるで幼稚園児の遠足にひとり小学生が迷い込んだみたいに目立ちまくりである。巨大な翼を左右に広げて固定し、自然の力だけを巧みに利用して悠々と滑空を続ける姿はまさに「空の王者」の貫禄。

麗《うるわ》しき玉顔をひとめ拝見しようと双眼鏡を覗き、思わずプッと噴き出してしまった。「空の王者」はアヒルにそっくりの「ほげー」としたひょうきん顔！　私はたちまちにしてこの鳥のファンになった。

それがワタリアホウドリとの最初の出会いであった。向こうはどう思っているか知らないが、私の一方通行の愛は今も続いている。数年後に日本の南極観測隊に参加した折も、観測船「しらせ」の甲板後方に悠然と舞うワタリアホウドリが現れたときは、時間を忘れて双眼鏡で追いかけた。

ワタリアホウドリは翼を広げた端から端までの長さが三メートルにもなる、世界最大級の鳥である。体重は約一〇キロもあり、空を飛ぶ鳥としては例外的に重い。それほど大きな生き物が軽々と空を舞っている。それだけでも驚きに値するのに、もっとすごいことがある。ワタリアホウドリを含むアホウドリ類は、他のどんな鳥よりも楽に飛ぶ。心拍数を記録するバイオロギング研究によれば、アホウドリの飛行中の心拍数は、水面で休んでいるときの値とほとんど変わらない。人間に喩えるなら、うちでごろ寝しているときと同じ楽さで、外を走り回れるということである。マラソン大会に出たら一人勝ちだろう。

どうしてそんな離れ業ができるのだろうか。

場所は変わって東京都立川市。オリオン書房というローカル書店が全国チェーンと信じて疑われず、隣接する国立市の影響で国立極地研究所さえ国立《くにたち》極地研究所と読まれてしまう、現在の我がホームタウンである。都会なのか田舎なのかよくわからないところがあり、有名百貨店の高層ビルが林立する市街地からこぎれいなモノレールに乗って南下すれば、「柴崎体育館」だのといったバス停のような名前の駅を通過し、すぐに山中に分け入ってケーブルカーのような登り坂が始まる。そしてその先にあるのが多摩動物公園だ。

この動物園はすごくいい。上空に差し渡されたワイヤを大きなオランウータンが器用に伝って移動したり、モグラが複雑に配置された網のパイプの中を、地中の巣と勘違いしてがさがさ動き回ったりする。つまり動物をして天然無邪気なパフォーマーとならしめる見せ方がうまい。

なかでも白眉の出来は昆虫園である。その巨大な温室の中に一歩足を踏み入れた途端「おお」と声を上げずにはいられない。所狭しと植えられた樹木や草本類の間を、カラスアゲハやらオオゴマダラやら名前も知らないアゲハやら、とにかくおびただしい種類、おびただしい数のチョウが乱れ飛んでいる。一見幻想的な、でもよく見れば葉が食い散らかされてたりしてリアルな、チョウの楽園。

——と、ヒラヒラと舞うチョウたちを蹴散らすようにして、信じられない動きをする鳥が現れた。ハチドリである。ブーンと目にも留まらぬ速さで羽ばたきながら、空中を縦横無尽に飛び回る。しかもホバリングといって、高速で羽ばたいたまま、体を空中の任意の一点にぴたりと静止させることができる。なんなんだ、この鳥は？　私のなかにある鳥のイメージが根底から覆される思いである。飛行スタイルは鳥というより完全にハチだ。バサバサと羽ばたく鳥ではなく、ブーンと空中に静止するハチ。なぜこんな飛び方ができるのだろう。他の鳥たちとは何が違うのだろう。

鳥の飛行はとことんバリエーションに富んでいる。アホウドリやハチドリだけでなく、身近な野鳥も飛行とひとくくりにするのがはばかられるくらいに多彩な飛び方をする。家の軒先にかけた巣の近くで、めまぐるしく旋回を繰り返すツバメ。ピーヒョロローと鳴きながら、ゆっくりと上空で円を描くトビ。バサバサと不器用に、一直線に進むしかない鵜やカモの仲間。この多様さはいったい何なのだろう。どんな物理的、生理的なメカニズムがその背景にあるのだろう。そしてそもそもなぜ鳥は空を飛べるのだろう。

一説には鳥は飛行機と同じだという。鳥の翼は機能的に飛行機の翼と同じであり、同一の流体力学的メカニズムに基づいて揚力を発生させているのだという。

なるほど一理あるかもしれない。空を舞うアホウドリを見れば、確かに滑空するグライダーとの相同性は明らかだ。けれどもハチドリのように空中の一点にぴたりと静止できる飛行機が存在するだろうか。成田空港の上空で着陸の順番を待つジャンボジェット機が、その場にホバリングして時間をつぶすことがあるだろうか。あえて喩えるのなら、ハチドリは飛行機ではなくヘリコプターだろう。さらに言うならツバメは何？　あれほど素早く自由自在に旋回できる飛行機は古今東西どこにも存在しない。アメリカ空軍の最新鋭戦闘機が束になってもツバメの機敏さにはかなわない。現実の鳥たちに見られる飛行スタイルの多様性は、単純な航空力学だけではとてもじゃないが説明できないと私は思う。

だから空を飛ぶ鳥の不思議を本当に理解するためには、まずは自然のままの鳥の飛行をそのまま測定することから始めなくてはならない。広大無辺な海の上を、峻険な山脈の上空を、あるいは私たちの街の上を、鳥たちはどんなふうに飛んでいくか。それを詳しく計測したうえで、背景にある物理的、生理的なメカニズムを少しずつ追求していく。普遍性を決めてかかるのではなく、多様性を認めたうえで、そのなかに漂う確かな普遍性を両手で掬い取る、そういうふうでなければならない。

というわけで本章は空飛ぶ鳥の物語。バイオロギングが明らかにした多様な鳥たちの驚くべき飛行能力や飛行パターンを見ていこう。上昇気流を乗り継いでふわりと舞い続けるグンカンドリ。世界一の峻峰、ヒマラヤ山脈をスパルタな羽ばたき飛行で越えるインドガン。そして究極の省エネ飛行のアホウドリや、虫のようにホバリングするハチドリ。それらを概観していくうちに、鳥にとって空を飛ぶとはどういうことなのか、次第に本質が見えてくるだろう。そしてそれはそのまま、なぜ鳥は飛べるのかという根源的な問題につながっていく。

ワタリアホウドリがどこかへ飛び去ってしまった後も、調査船は順調に進み、やがて目的地であるケルゲレン島に到着した。この島ではワタリアホウドリが巣を作って子育てをしているので、海の上では決して見られない「空の王者」の地上での生活を観察することができる。あれほど優雅に空を舞うワタリアホウドリのこと、地上でもさぞや精悍な御姿かと思いきや、またもやプッと噴き出してしまった。

ワタリアホウドリはアヒル顔をにゅっと前に突き出し、まるで二人羽織りのような間の抜けた猫背でひょこ、ひょこ、ひょこと歩く――やっぱりこの鳥最高！

縦横無尽の機敏性――グンカンドリ

なぜ鳥は飛ぶのだろう。

ごくおおざっぱにいって二つの動機があると思う。すなわち長距離の移動のためか、あるいは食べ物を集めたり天敵から逃げたりするためか。そしてその動機によって、鳥に求められる飛行性能は異なる。もし長距離移動がおもな動機であれば、大事なのは巡航スピードや省エネ性能だし、食べ物集めや天敵からの逃避がおもな目的であれば、問われるのは最大スピードや空中での機敏さである。

前者のチャンピオンはアホウドリ。彼にはあとでしっかり登場してもらう。そして後者のチャンピオンがグンカンドリである。この鳥は空を住処とし、空で食べ物を集めて空で食べる。

私はパルミラ環礁という太平洋のど真ん中にあるゴマ粒のような島でサメの調査をしたことがある。パルミラ環礁のような熱帯海域において、海中の覇者がツマグロやオグロメジロザメなどのサメだとすれば、空中の覇者は間違いなくグンカンドリだ。グンカンドリは自分で獲物を捕ることはせず、魚をくわえたカツオドリをいつも空中で追いかけまわしていた。旋回を繰り返しながら執拗に付きまとい、くちばしで攻撃し、ついにあきらめたカツオドリが魚を空中に放すと、「いっちょあがり」とばかりにひょいとキャッチする。

ひどいやつである。でも、すごいやつである。縦横無尽な飛行性能において、グンカンドリの右に出るものはいない。

海鳥の生態学者として著名なフランスのアンリ・ワイマルスキルヒ教授は二〇〇二年、大西洋に臨む仏領ギアナで子育てをしているアメリカグンカンドリに気圧の記録計を取り付け、飛翔行動をモニタリングした。

データによればこの鳥は、最大で高度二五〇〇メートルまでぐんぐんと舞い上がり、かと思えば水面近くまで急降下するという、他のいかなる鳥でもありえない大規模な上下移動を繰り返していた。

しかも昼夜問わずである。グンカンドリは巣を発ってから巣に戻るまでの数日間、ひとときも休むことなく空中を舞っていた。スズメでもカラスでもシジュウカラでも、鳥たちは普通、木に止まって羽を休めるものである。ところがグンカンドリにとっては空中こそが住処であった。

なぜ、そんなことができるのだろう。

一つには上昇気流をうまく利用するからである。さんさんと照りつける太陽によって温められた地面からは、目には見えないが絶えず上昇気流が発生している。あたかも電車を乗り継ぐみたいに上昇気流を乗り継ぐことにより、グンカンドリは上昇と下降とを延々と繰り返すことができる。上昇気流といえば、ピーヒョロロロと鳴きながら上空で輪を描いているトビなどの猛禽類も上昇気流の常連客である。

それにもう一つ、グンカンドリの自由自在の飛行スタイルを支えているのは、大きな翼である。グンカンドリの翼は、アホウドリほど長くはないが、幅が広いために面積が大きい。体のサイズの違いを考慮に入れて比較すれば、グンカンドリはすべての鳥の中でも最大級の翼をもっている（第二章でニシオンデンザメの遊泳スピードを比較する折に、体のサイズの違いを考慮に入れたことを思い出してほしい）。なお、グンカンドリと同じように上昇気流を利用するトビなどの猛禽類も、やはり体のサイズのわりに翼が大きい。

翼が大きいことのメリットはなんだろう。

翼の生み出す揚力は「(空気の密度)×(翼の面積)×(速度)の二乗」に比例する。複数の項の積に比例するということは、どれか一つの項を上げればどれか一つの項を下げられるということ。だから翼の面積が大きければ、それだけ飛行速度を下げることができる。

鳥にとって飛行速度を下げられるメリットは大きい。ゆったりと空中を舞いながら周辺を広く見渡し、食べ物を探すことができるし、グンカンドリの場合は空中で速度を落とし、ターゲットの鳥にいやらしく付きまとうことができる。

そのうえ遅く飛ぶことができれば、上昇気流に乗って上空で円を描く際、円の半径を小さくできるので、規模の小さな上昇気流をうまく利用できるというメリットがある。

これには少し説明が必要かもしれない。上昇気流に乗って円を描くとき、鳥の体には外向きの遠心力がのしかかる。遠心力が強すぎると、カーブで曲がりきれない車のように鳥の体も円の外にはじき出されてしまう。

遠心力は「(速度)の二乗÷(回転半径)」に比例する。外にはじき出されないよう遠心力を低く保つためには、分子である速度を下げるか、分母である回転半径を増やすか、どちらかしかない。大きな翼のおかげで速度を下げることができれば、回転半径は増やさないで済む。つまり小回りができるようになる。

しかも遠心力に対して速度は二乗で効く。ということは、速度をほんの少しでも下げることができれば、回転半径はずっと小さくて済む。

なお、翼に生じる揚力を示す「(空気の密度)×(翼の面積)×(速度)の二乗」の式からすれば、飛行速度を上げたいときには翼の面積を小さくすればよいことがわかる。鳥の翼は伸縮自在の可変翼だから、そんなことは朝飯前。グンカンドリも猛禽類のハヤブサも、獲物めがけて急降下するときは翼を半ば折りたたんで面積を減らす。

意外なことに、鳥の普段の生活で重宝するのは遅く飛べる能力である。遅く飛べる鳥は速くも飛べるが、速く飛べる鳥が遅く飛べるとは限らない。

ヒマラヤ越えのスパルタ飛行——インドガン

グンカンドリが高度二五〇〇メートルまで舞い上がれるのは、上昇気流という自然の力をうまく利用するからである。

でも鳥の世界は広し。上昇気流なんか使わずに、純粋に己の筋力だけでグンカンドリよりも高く上昇する鳥がいる。それがインドガンだ。

インドガンは夏の暑い時期をモンゴルやロシアなどの避暑地で過ごし、冬の寒い時期をインドで暖かく過ごす渡り鳥である。これだけを聞けば優雅なセレブ生活かもしれないが、インドからモンゴルにかけての北上飛行はとんでもなくスパルタな体育会系的大移動である。インドの北、ネパールとの国境近くに世界一の峻峰、ヒマラヤ山脈が巨大な壁のようにそびえたっているからだ。

インドガンにとってのヒマラヤ越えは、三重の意味で究極の高負荷運動である。

第一に、高度が上がれば上がるほど空気が薄くなるので、有酸素運動がどんどん困難になっていく。普通の人なら酸素ボンベの助けを借りなければヒマラヤの山々は登頂できない。

第二に、高度が上がるにつれて空気の密度が低下し、揚力が発生しにくくなる。前述の「(空気の密度)×(翼の面積)×(速度)の二乗」の式からわかるように、鳥が羽ばたきによって得られる揚力は、空気の密度に比例する。空気が薄くなってどんどん息が苦しくなるのに、羽ばたきの頻度はより一層速めなければならない。これを体育会系的と言わずになんといおう。

さらに第三に、インドガンは体重二・五キロほどもある大きな鳥である。一般的に大きな動物ほど、重力に逆らう縦方向の移動を苦手とする。小さなリスは苦もなく樹の幹を垂直に駆け上がるが、大きなゾウはほんの少しの上り坂さえ避けようとする。

人間の場合も、上り坂を得意とするランナーや自転車選手はたいてい小柄である。だからインドガンの大きな体はヒマラヤ越えの障害になる。

でも大きな動物ほど縦方向の移動が苦手なのはなぜだろう。

これは動物の動きの普遍的な法則であり、重要なポイントだと私は思う。

空を飛ぶ鳥にせよ、地上を歩く哺乳類にせよ、高度を上げるということは重力に対して仕事をすること、すなわち、自分の体を重力に逆らってよいしょと持ち上げることである。そのため高度を一メートル上げるのに必要なエネルギーは、体重に比例して増える。

いっぽう動物の持ち前のエネルギーである代謝速度は、体重に比例するほどには増えないことが知られている。メカニズムこそよくわかっていないが、動物の代謝速度は体重の四分の三乗あるいはそれに近い伸び率で増えていく。

体重にして二倍大きな動物は、高度を一メートル上げるのに二倍のエネルギーを必要とする。それなのにそれを駆動するための代謝エネルギーは、一・七（＝二の四分の三乗）倍しか持ち合わせがない。体重にして四倍大きな動物は、四倍のエネルギーが必要なのに、実際には二・八（＝四の四分の三乗）倍のエネルギーしか持ち合わせがない。大きな動物になればなるほど、重力に逆らう縦の移動が苦手になるのはそのためである。

ところで今回とよく似た説明は以前に何度も登場している。第二章で「なぜ大きな動物ほど速く泳ぐのか」を説明したときにも、第四章において「なぜ大きな動物ほど深く潜るのか」に答えたときも、その運動をなすために必要なエネルギーと、動物の持ち前の代謝エネルギーとの上昇率の違いを根拠にして説明した。

動物の代謝エネルギーが四分の三乗という中途半端な上昇率で増えていくことの重要性は、いくら強調してもし過ぎることはない。それは動物の行動のあらゆる側面に顔を出し、遊泳スピードにも、潜水深度にも、そして重力に対する縦の移動にも効いてくる。

苦しいときこそ冷静に

さて、問題を整理すると、インドガンのヒマラヤ越えは三つの意味で究極の高負荷運動である。一つは、高度が上がるほど空気が薄くなり、有酸素運動が大変になること。二つ目は、高度が上がるほど空気の密度が小さくなり、揚力が発生しにくくなること。三つ目は、インドガンは大きな鳥であり、重力に逆らう縦の移動が宿命的に苦手であること。

では彼らはどうやってそれを成し遂げるのだろう。

イギリスの研究チームによる最新のバイオロギング調査が、ヒマラヤ越えのインドガンの三次元的な移動軌跡を明らかにした。私とは面識のない研究チームだが、ダイナミックなデータが見事に記録できたときはさぞや嬉しかっただろうと想像せずにはおれない。きっとデータの機密性なんかそっちのけで、いろんな人にしゃべって歩いたに違いない。

そのデータによれば、ヒマラヤ越えの当日、まるでオリンピック本番のスポーツ選手のようにえいやっと気合いをいれて飛び立ったインドガンは、バサバサと羽ばたいてぐんぐんと高度を上げ、八時間で五〇〇〇～六〇〇〇メートルの最高高度に達していた。一部で信じられているような、エベレスト（八八四八メートル）やK２（八六一一メートル）の山頂越えは見られなかった。むしろできるだけ高度を上げなくてもヒマラヤ山脈を越えられる、最も楽なルートを冷静に選んでいた。

最高高度を過ぎて下降に入ればあとは簡単。ラルプデュエズ峠を越えたツールドフランスのサイクリストのように、酷使した体を少しずつ回復させながら高度を下げていく。

なぜこんなことができるのだろう。

一つには生理的な適応がある。インドガンは大きな肺をもち、薄い空気を補うようにたっぷりの量の空気を吸い込むことができる。また筋肉にはびっしりと血管が張り巡らされ、さらに血液には酸素を運搬するヘモグロビンが他の鳥よりも多く含まれている。ようするにインドガンはツールドフランスのサイクリストかオリンピックのマラソン選手のような、有酸素運動に特化した体つきをしている。でもそれだけではない。バイオロギングのデータからは、インドガンが行動的な適応をしていることも明らかになった。

インドガンがヒマラヤ越えを開始するのは、夜中から朝方にかけての寒い時間帯だった。冷たい空気ほど密度が高いので、「(空気の密度)×(翼の面積)×(速度)の二乗」のルールによれば、一回の羽ばたきでより多くの揚力を得ることができる。そのくらいの物理はきっと、インドガンは経験的に知っている。さらに空気が冷たければ羽ばたき運動によって発熱した体を冷ましやすいという利点もある。

くわえて飛行中の速度は、速すぎず遅すぎず、ちょうど運動強度を最小限に抑えられる最適な速度だった。あとで詳しく説明するように、鳥にとっては速度ゼロで飛行する（ホバリングする）のも、高速で飛行するのも、どちらも同じように高負荷である。飛行に必要なエネルギーを、速度を横軸にとってグラフ化すると、それはちょうどU字の曲線を描く。インドガンはU字の底にあたる速度をぴたりと選択していた。

それら数々の生理的、行動的な適応を重ね合わせることによって、インドガンは有酸素運動の限界に挑むようなヒマラヤ越えを、なんとかギリギリで成し遂げている。

小さな体に巨大エンジン——ハチドリ

重力に対する縦の移動ばかりが高負荷運動ではない。鳥たちが見せる飛行パターンのバリエーションの中で最も高負荷なのは、速度ゼロで飛ぶこと、すなわちホバリングである。

そしてそれを成し遂げる唯一の鳥のグループが、本章の冒頭にも登場したハチドリだ。この鳥はかわいらしい見た目とは裏腹に、小さな体に巨大なエンジンを積んだ高出力のチャンピオンである。

ハチドリの飛行スタイルはほとんど虫だが、実際にこの鳥は虫のような生活をしている。彼らの栄養源は花の蜜であり、チョウやハチのように花から花へと飛びまわっている。そしてよい花を見つけたら、その目の前でホバリングをして体を静止させ、長いくちばしを使って甘い花の蜜を吸う。虫のような生活をしていたら、見た目まで虫っぽくなってしまった、という進化の収斂《しゅうれん》の好例である。

繰り返すがホバリングこそ、ハチドリをして唯一無二の存在たらしめている最大の特徴である。ホバリングは超高負荷運動であり、約一万種の鳥の中でもそれを長く維持できるのはハチドリの仲間だけだ。たとえばいつもパパラッチに追いかけられている都会のアイドル、カワセミを見ていると、ほんのコンマ何秒ならホバリングすることがあるが、それだけである。ハチドリのようにぴたりと体を空中に静止させて何秒も維持することはできない。

なぜホバリングはそれほど高負荷なのだろう。

それは前進速度がゼロのときに、羽ばたきだけの効果によって必要な空気との相対速度を得なければならないからだ。これは無風状態の凧揚げにも似ている。折悪しく風のない日に凧を揚げるには、糸を摑んで全力で駆けることによって擬似的な風を生み出すしかない。

飛行という運動で大事なのは、地面に対する絶対的な速度ではなく、空気に対する相対的な速度である。

余談だが、ハチに追いかけられたときには風上に向かって逃げるとよい、とある流体力学の教科書に書いてあった。ハチは人間と違い、地面ではなく空気に対して飛んでいるので、風上にはなかなか進めないからである。でも現実には、凶暴な毒バチが襲いかかってきた緊急時に、「さて風向きはどちらかな」と冷静に気象観測できる余裕はないと思う。

ともあれハチドリの仲間は前進速度がゼロのときにも、猛烈なスピードで羽ばたくことによって、十分な空気との相対速度を得ることができる。ハチドリの羽ばたきはバサバサではなく、ブーンである。一秒間に何回羽ばたいているかを高速ビデオ撮影でカウントすると、とくに速い種では八〇回にもなる。

なぜハチドリだけがそれほど高負荷の運動を成し遂げられるのだろう。

ひとつには体が小さいからである。ハチドリは小型の種で体重わずか数グラム、最大の種でも二〇グラムしかない世界最小の鳥のグループである。

動物の代謝速度が体重の四分の三乗に近い値に比例して増えていくことは何度も説明した。代謝速度が体重の増加ほどには増えないというのは、忘れてはいけない生物学の一大原則である。ということは、体重一キロあたりの代謝速度は、動物の体が大きくなるにつれて宿命的に減っていく。つまり体の小さなハチドリは、体の大きなアホウドリやインドガンに比べ、体重一キロあたりの代謝速度が桁違いに大きいという恩恵に与《あずか》っている。

でもそれだけではない。

ハチドリは体の大きさの違いを差し引いて比較すると、あらゆる鳥の中で最も大きな心臓と、最も大きな胸筋（羽ばたきを駆動する筋肉）を持っている。大きな心臓で血液をたくさん循環させ、大きな胸筋で高いパワー（仕事率）を出す。体の大きさの違いを差し引いて比較すると、ハチドリはすべての鳥類はおろか、すべての脊椎動物の中でも最も高いパワーを出せる驚異的な動物であることが知られている。

つまりエネルギーの観点から言えば、ハチドリは体が小さいうえに、その小さな体を有酸素運動に特化させており、その二重の効果によってホバリングという超高負荷運動を成し遂げている。

また、形態的な適応も重要である。ハチドリはホバリングの折、ちょうど竹とんぼのように体幹部をすっと垂直に立て、翼だけをブーンと水平に振る。鳥としては特殊なこうした羽ばたき姿勢を維持しやすいように、ハチドリは翼の骨の形が特殊化している。

そして最後に言っておかねばならないのは、ホバリングという超高負荷運動を支えているのが、花の蜜という超高カロリーの食事であるということだ。まこと奇妙なことに、花の蜜を吸うために進化させたはずのホバリング飛行は、もはや花の蜜なしでは実現不可能になっている。特殊化しすぎた動物の悲哀、と言えるかもしれない。

もっともそうした悲哀はハチドリに限ったことではない。たとえば代表例はシロナガスクジラだろう。マイクロバス一台がまるごと入る巨大な口をパカッと開けて、オキアミを海水ごと飲み込む彼らは、なるほどいっぽうではうまい食事の仕方を進化させたといえる。でももういっぽうの見方をするなら、そういうやり方で脂肪分たっぷりのオキアミを大量に摂取し続けるしか、一〇〇トンにもなる巨軀を維持する術はないのである。

ひるがえって私の研究方法はどうか。もともと動物の研究のために始めたバイオロギングなのに、もはやバイオロギングなしでは動物の研究ができなくなってはいないだろうか――特殊化しすぎた悲哀とは、じつに身につまされる話である。

バイオロギングといえば、ハチドリに記録計を取り付けた研究例は残念ながらまだない。小さな体に巨大なエンジンを積んだこの鳥からは、ものすごく面白いデータがとれると思うのだが、いかんせん体が小さすぎる。最大の種でもハチドリは二〇グラムしかなく、現存する最小のバイオロギング機器でもまだ大きすぎる。

ただし機器の小型化は今も着実に進行しているから、ハチドリの超高速の羽ばたきを加速度センサーで記録し、花から花へ蜜を探して移動する経路をGPSセンサーで記録できる日もそう遠くはない――あ、この考え方が特殊化しすぎてる?

鳥と飛行機は同じか?

さて、傑出した飛行能力を誇る鳥の例をいくつか見てきたところで、根源的な疑問に立ち返ってみよう。なぜ、鳥は飛べるのか。

よくいわれるのは、鳥と飛行機は同じという考え方である。鳥の翼は飛行機の翼と同じ機能をもち、同じ流体力学的メカニズムに基づいて揚力を発生しているという。だから鳥の飛行を理解するためには、飛行機の理論をそのまま応用すればいいという。

でも、はたしてそうだろうか。家の軒先でひらひらと旋回を繰り返すツバメと、左右に伸びた固定翼でゴーッと前に進むだけのジャンボジェット機は、本当に同じメカニズムなのだろうか。

私の考えでは、鳥の飛行の中でも、滑空飛行と羽ばたき飛行は別物である。そこにはたらいている物理現象も、複雑性も、したがって私たちの理解の度合いも似ても似つかぬものである。なるほどアホウドリの滑空飛行に関しては、飛行機との相同性は明らかであり、航空力学の理論である程度説明することができる。けれども羽ばたき飛行に関しては、弾性力のある翼をわっしわっしと上下に振って飛ぶ飛行機が存在しない以上、航空力学とは切り離して考えねばならない。

それではまず、シンプルな滑空飛行の話から始めよう。

滑空中の鳥や巡航中の飛行機における翼の役割は何だろう。

それは前方から入ってきた空気を後方に送り出す際に、少しだけ軌道を下にそらすことである。そして下方に押し曲げた空気の反作用として、翼は上向きの揚力を受ける。

そのために役に立つのが翼の断面に見られる特殊な形――流線形である。飛行機の翼の断面は前縁が丸く、後端が尖ったきれいな流線形をしている。そしてこの形により、前から入ってきた空気の軌道を無抵抗に、さりげなく下に曲げることができる。なるほど流線形ではないただの薄い板でも、前縁を少しだけ持ち上げれば、前から入ってきた空気の軌道を下にそらすことはできる。ベニヤ板でも鉄板でも、揚力を生み出すことはできるのである。けれどもその場合、空気の軌道は滑らかには曲がらないから、無駄な空気抵抗を多く生み出してしまう。現実問題としてベニヤ板や鉄板では、飛行機の翼の役には立たない。

鳥の翼の断面も流線形に近い形をしている。鳥の翼の場合は、前縁には骨が入っているので必然的に丸みを帯び、後縁は羽毛なので自然と尖った形になる。なんと生物の体のよくできたこと。ただしこれには例外があることは後述する。

ともあれ滑空中の鳥や飛行機の翼は、前方から入ってきた空気を自然に下に押し曲げ、反作用としての揚力を得ている。

だから翼は長ければ長いほどいい。おっと、途中の説明をすっ飛ばしてしまった。大事なところなのでよく聞いてほしい。

空気を下に曲げることによって生じる上向きの力（揚力）は、曲げられた空気の運動量に比例する。運動量とは「（重さ）×（速さ）」で表される物理量であり、どれほどの量（＝重さ）の空気が、どれだけの勢い（＝速さ）で曲げられたのかを表す。（重さ）と（速さ）の積こそが肝心なのだから、（重さ）が一で（速さ）が二でも、（重さ）が二で（速さ）が一でも、結果として得られる揚力はともに二である。

いっぽう、空気を下向きに加速させたぶんだけ、鳥や飛行機はエネルギーを失う。与えたぶんは失わなければならないというエネルギー保存の法則は、宇宙の法則であり、いつでもどんなときでも正しい。運動体のもつエネルギーは一般に、「〇・五×（重さ）×（速さ）の二乗」で表される。先ほどの例のように（重さ）が一で（速さ）が二ならば、失うエネルギーは〇・五×一×二の二乗＝二であるが、（重さ）が二で（速さ）が一ならば、失うエネルギーは〇・五×二×一の二乗＝一。あら不思議、得られる揚力は同じなのに、失うエネルギーは後者のほうが半分で済んでいる。つまり少ない空気を速く動かしても、たくさんの空気を遅く動かしても、得られる揚力は同じである。けれどもたくさんの空気を遅く動かすほうが、エネルギーの消耗は少なくて済む。

だから滑空する鳥や飛行機はできるだけ長い翼を左右いっぱいに伸ばして、できるだけ多くの空気を動かすほうがよい。滑空中のエネルギーの消耗が少ないということは、高度が落ちにくいということであり、羽ばたくことなく遠くまで行けるということである。もしも無限に長い翼をもった鳥の怪物がこの世に存在したならば、理論上はエネルギーの消耗がゼロに近くなり、まるで天井から糸で吊るされているみたいに、同じ高度をいつまでも滑空し続けることができる。

じゃあ、と誰かが言うかもしれない。ワタリアホウドリだって三メートルといわず、五メートルとか一〇メートルとか、もっともっと長い翼をもてばいいじゃないか、と。

それが不可能であることを、私はケルゲレン島でワタリアホウドリを間近に見て知った。ワタリアホウドリは長い滑空を終え、島に着陸すると、長い翼を「よいしょ」とまるで屛風でも折り畳むみたいに、きれいに三つ折りにしてから体の横に添える。それにもかかわらず、折り畳まれた翼の後端は尾羽の先まで達していた。

ワタリアホウドリの翼の長さは、畳んで体に収納できる限界の長さに達している。

連続滑空のミステリー

アホウドリの滑空の話を続けよう。

いくら滑空効率のよいワタリアホウドリといえど、エネルギーのロスはゼロではなく、したがって理論上はじりじりと高度が下がっていくはずである。

でも現実には、船上からワタリアホウドリの滑空を見ていると、ひっきりなしに上昇と下降を繰り返していて、いつになっても海面に降りることはない。かといって自発的に羽ばたいている様子もない。これはダイナミックソアリングと呼ばれる不思議な飛行法である。

なぜこんなことが可能なのだろう。

明らかな答えの一つは上向きの風である。アホウドリの滑空する海の上では、波の斜面や海岸線の崖に当たって風が上向きに曲げられる。だからちょうどグンカンドリが上昇気流を乗り継いでいたように、アホウドリも上向きの風を乗り継いで、延々と滑空を続けることができる。

けれども上向きの風なんか吹きそうにない、波のピタッとおさまった日でさえも、アホウドリは上昇と下降を繰り返しながら滑空を続けている。なぜ?

これは科学のミステリーである。滑空中の翼の機能は揚力を発生させることによって、下降をなるべく遅らせることでしかない。エネルギー保存則からしても、翼の機能からしても、上向きの風がなければじりじりと高度は下がり続けるしかないはずだ。

この謎を解いたのは、意外にも私の知り合いだった。

私が二〇〇八年から二〇〇九年にかけてのシーズンにケルゲレン島に滞在した際、ヨハネス・トラゴットというドイツ人の青年が一緒だった。ケルゲレンはフランス領であり、フランス人のフランス語によるフランス式の生活が営まれていたから、私とヨハネスは数少ない異人同士で気が合った(もっとも彼はフランス語ができたから私よりは寂しくなかった)。

ヨハネスは現地でワタリアホウドリの調査を進めていたが、彼は生物学者ではなく、ミュンヘン工科大学に所属する生粋の工学系研究者であった。GPSの技術を専門にしており、ワタリアホウドリに取り付けるために自ら設計した小型のGPSを持って来ていた。

GPSなんか市販品でいくらでも手に入るのに、敢えて自分で設計する必要があるのだろうか。

それがあるのである。GPSは上空をまわる複数の人工衛星と電波信号をやり取りし、GPS本体と人工衛星との距離を計測したのちに、それらの情報をもとに現在の緯度、経度を計算する測位システムである。

測位のポイントは、距離の情報を位置の情報に変換するためのアルゴリズムにある。距離の情報には必ずエラーが含まれ、しかもそれは電波の受信状況、人工衛星の位置、GPS本体の動くスピードなど、様々な要因によって複雑に変化する。それら複雑な要因をどう処理するかには、唯一無二の完璧な解法は存在せず、プログラマーの主観に委ねられる。

市販のGPSを購入者がどんな使い方をするのか、メーカー側にはわからない。腰に付けてニューヨークの摩天楼の谷間をジョギングするかもしれないし、あるいはバックパックにぶら下げてアマゾン川を川下りするかもしれない。だから市販のGPSは、どんな場所、どんな状況においても少なくとも大ハズレはしないような、リスクを避けたアルゴリズムでできている。

でもヨハネスのGPSは用途がはっきりしている。ケルゲレン島から飛びたつワタリアホウドリに取り付けて、その飛行経路を記録することである。だから彼はそのような状況でのみベストのパフォーマンスを発揮するような、特殊なアルゴリズムを使ったオリジナルのGPSを持って来ていた。そしてそれを使って、ワタリアホウドリの平面的な飛行経路のみならず、高度の変化も含んだ立体的な軌跡を描くことに成功した。

さらにヨハネスは、得られた飛行の軌跡を、リモートセンシングから得られた現地の風のデータと重ね合わせた。すると「空の王者」がなぜ上向きの風なしで滑空を続けられるのか、ミステリーがいよいよ明らかになった。

アホウドリという振り子運動

ヨハネスの再現した三次元的な飛行経路によれば、ワタリアホウドリはインド洋の海上で、一〇～二〇メートルほど上昇しては海面近くまで下降するという動きを繰り返していた。調査船の上から私が胸をときめかせながら見ていた、アヒル顔の王様が悠々と空を舞う様子が、そのままパソコンの中で再現できたことになる。

興味深いのが飛行速度である。ふわりと上昇し、最高地点に達したときには速度は停滞し、海面すれすれまで下降してきたときに速度は一番速くなる。

そう、振り子と同じである。最高地点では位置エネルギーが大きく、そのぶんだけ運動エネルギーは小さい。最高地点から下降するにつれ、位置エネルギーが運動エネルギーに置き換わっていくため、アホウドリの体は加速していく。つまりアホウドリの飛行は、位置エネルギーと運動エネルギーとの総量が一定であるというエネルギー保存の法則として説明できる。

しかし振り子も放っておけば少しずつ振り幅が小さくなり、やがては止まってしまう。空気の抵抗によって少しずつエネルギーが熱に変わり、空中に逃げていくからである。それと同じように、アホウドリも少しずつエネルギーを失っているはずである。それにもかかわらず滑空を維持できているのは、アホウドリが何かしらの手段で外部からエネルギーを得ている証拠である。

アホウドリはどこからエネルギーを得ているのだろう。波？　風？　太陽？　まさか太陽光でソーラー発電しているわけではないから、エネルギーの元は風である。

アホウドリの上昇、下降のパターンは風向きに対応している。風上に向かって高度を上げていき、最高地点でくるりと向きを変えると、今度は風下に向かって高度を下げていく。

ポイントは風下に向かった下降にある。このとき、アホウドリは追い風をめいっぱい受けて加速し、位置エネルギーの変換から得られるよりも多くの運動エネルギーを体に蓄えている。換言すれば、アホウドリは追い風のエネルギーを体に吸収することにより、位置エネルギーと運動エネルギーの総量を増やしている。それをもう一度位置エネルギーに変換すれば、前よりも高い高度まで上昇することができるし、空気抵抗によって多少のエネルギーが失われても、事もなげに滑空を継続することができる。
私たちが高校の物理学で学ぶ、運動エネルギーと位置エネルギーの互換性。しかしアヒル顔の王様はとうにそんなことは知っていた。

鳥は飛行機ではない

アホウドリの滑空のメカニズムは航空機の力学ともよく似ており、比較的シンプルに説明することができた。ここまでは、よし。

けれども残念ながらシンプルなのはここまでである。鳥が羽ばたきを始めた瞬間に、航空機との相同性はもろくも崩れ去り、私たちは未知の荒野に裸一貫で放り出される。

繰り返すが、滑空と羽ばたき飛行は根本的に異なる運動様式である。何が一番違うかといって、翼の周りの空気の流れの複雑性が違う。滑空は安定した定常状態の運動なので、翼の周りの空気の流れはシンプルに、一枚の図に示すことができる。いっぽう羽ばたき飛行は不安定な非定常状態の運動であり、一回の羽ばたきサイクルの中で空気の流れは複雑に変化する。一枚の図に示せないどころか、複雑な空気の流れは研究室で実験することもままならないので、実態がそもそもよくわかっていない。

これは一見おかしなことにも思える。いくら複雑だからといって、羽ばたきの瞬間、瞬間を切り取ってみれば、それは翼が流体の中を動いている滑空の構造と変わりないではないか。それを羽ばたき一サイクルにわたって足し合わせれば（つまり積分すれば）、羽ばたきの力学が再現されるのではないか。そう考える人は少なからずいると思う。

その気持ちは私もじつによくわかる。部分を切り出して分析し、それを積分することによって全体を再現するのは古典的な物理学のアプローチである。そして実際、鳥の飛行を研究する分野でも、最近まではそうした考え方が主流であった。航空力学の理論を羽ばたき飛行にそのまま当てはめた論文は、今までに数え切れないくらい発表されている。

ところがそれは正しくないアプローチであることが最近わかってきた。羽ばたき飛行は滑空とは次元の違う複雑性を有しており、従来の航空力学では説明できない。部分をいくら積み重ねても全体を再現することはできない。このことを証明してみせたのは、お会いしたことはないけれど私の尊敬する研究者のひとり、オランダのフローニンゲン大学のジョン・ヴィデラー教授である。

ヴィデラー教授が二〇〇四年に『サイエンス』誌に発表した論文は、私がここ一〇年ほどの研究生活を通して読んだ数知れない論文の中でも、間違いなくトップ五には入る大論文である。何がすごいかといって、要旨の書き出しがガツンと強烈すぎる。ふつう科学論文の要旨は、今まで何がわかっていて、何がわかっていないのかという研究背景の説明から入り、そののちに自分の結論につなげていくのがセオリーである。でもヴィデラー教授はのっけから全体重をかけてこう書き始める。「The current understanding of how birds fly must be revised.（鳥がどうやって飛んでいるか、私たちの今までの理解は修正されなければならない）」

そしてこの強烈な書き出しは、決してはったりではない。

論文の中で教授はいきなり言う。「鳥の翼の断面はそもそも流線形をしていない」

「は？」と目を丸くする私。そんなわけありますか、鳥の翼はしっかり流線形をしていますよ。

でも言われてみれば確かにその通りなのである。

鳥の翼の断面は、根元のほう（肩に近いほう）と先端のほうで異なっている。根元のほうは、前縁に上腕骨やとう骨と呼ばれる骨が入っていて、後縁は薄っぺらな羽毛である。前縁がまるく、後縁が薄いので、結果として航空機の翼によく似た流線形になっている。ここまでは、よし。

ところが翼の先端のほうには骨は入っておらず、薄っぺらな羽毛のみでできている。断面は流線形ではなく、ただの板。

そして翼のどれくらい先まで骨が入っているのかは、鳥の種類、もっと言えば飛行スタイルによって異なる。アホウドリのように滑空を得意とする鳥は、翼のかなり先端まで骨が入っており、そのため翼の断面はおおむね流線形で近似できる。アホウドリの滑空を航空力学で説明してきた今までの試みは、この点からいっても理に適っている。

いっぽう羽ばたきを駆使して自由自在に飛び回る鳥の翼の場合、骨が入っているのはごく根元のほうだけである。たとえばツバメがその代表格であるが、彼らの翼は真横ではなく後方に向かって伸びる後退翼だ。その断面はおおむね一枚の薄い板であり、流線形にはほど遠い。

だからごくシンプルに翼の形態からしても、羽ばたき飛行を航空力学で解釈するのは正しくないとヴィデラー教授はおっしゃるわけである。ぎゃふん。

前縁渦という不思議な渦

では「ただの板」を振り回して、鳥はどうやって揚力を発生するのだろう。ベニヤ板や鉄板でも揚力を発生させることはできるものの、副産物として生じる空気抵抗が大きすぎて使い物にならないことは、前に述べた通りである。

ヴィデラー教授は猛スピードで空中を舞うアマツバメの翼のサンプルを手に入れ、実物大の模型を作った（なおアマツバメはツバメと見た目も飛行スタイルもそっくりだが、系統的には遠く離れた種類である。進化の収斂の例がここにも見られる）。そしてそれを流水水槽に入れ、翼の周りで何が起こるのかを観察した。

鳥の翼の実験に流水水槽を使うのが流体力学の面白いところである。流速を調整してレイノルズ数と呼ばれる物理量さえ合わせれば、空気でも水でも違いはなく、まったく同一の物理現象が観察できる。流体力学という物理のメガネを通して見れば、空気と水はあたかも七色の虹の赤い部分と青い部分のような、連続したスペクトル上の二点に過ぎないのである。流速さえ調整すれば空気は水になるし、水は空気になる。だったら実験の目的によって使いやすいほうを使えばよい。鳥の翼を水槽で実験することもあれば、逆に魚のひれを空中で実験することもある。一般に送風機で空気の流れを作る実験のほうが、水を循環させる実験よりも手軽にできる。いっぽう水を循環させる実験では、中性浮力の粒子を水に混ぜることによって流れを厳密に可視化することができる。

かくしてヴィデラー教授はアマツバメの翼の周りの水の流れを可視化することにより、前縁渦《ぜんえんうず》(leading edge vortex)と呼ばれる特殊な渦が発生していることを発見した。前縁渦はその名の通り、翼の前縁に沿って流れる渦である。翼の根元のほうで生まれた前縁渦は、ぐるぐると縦に回転しながら前縁に沿って、翼端方向に流れていき、そのまま翼端から剥離していく。そしてこの渦によって流体に上向きの流れが生まれ、アマツバメの翼が上に持ち上げられていた(つまり揚力が発生していた)。

渦がぐるぐる縦に回りながら翼の前縁を横に移動していく。これはとりもなおさず、翼の周りの空気の流れは三次元的であることを示している。

これは極めて重要な発見だと思う。従来の飛行の力学解析では、翼を断面（翼形）という二次元構造に落とし込み、それを翼の根元から先端にかけて積分することによって、翼全体の力学を再現するアプローチが主流であった。ヴィデラー教授の研究の意義は、部分を積分しても全体は再現できないこと、全体は全体のまま調べなくてはならないことをはっきり示した点にある。

読者の私はといえば、ただ感動である。研究室の窓からは、春にはツバメが目にも留まらぬスピードで上昇、下降や旋回を繰り返す様子を見ることができる。「ツバメ返し」という言葉があるくらい、ツバメの動きは素早く自由自在であり、飛行機なんか比較にもならない。「飛行機と鳥は同じメカニズム」という従来の説明に対し、私は狐につままれたような気持ちを抱いてきたが、そのもやもや感が一気に氷解した気がした。

ヴィデラー教授のこの先駆的な研究の後、いろいろな関連実験が世界中で行われ、羽ばたき飛行における揚力の発生源は前縁渦によるところが大きいことが明らかになりつつある。前縁渦はアマツバメだけでなく、いろいろな鳥やコウモリからも確認されており、羽ばたいて空を飛ぶ動物に普遍的に見られる現象のようである。羽ばたき飛行の研究は今、前縁渦を中心に進んでいる。

ところでそのような大きな流れには、ちゃっかり乗らねば損である。私が今注目しているのは、水中を飛ぶ鳥、ペンギンの推進メカニズムだ。水と空気の間に本質的な差がないのなら、ペンギンの翼からも前縁渦が出ているかもしれない。そう予想してペンギンの翼の模型を使った実験を現在進めている。

前縁渦、出るだろうか。

空飛ぶ鳥の法則

ここで、鳥の飛行に関して今まで見てきたことをまとめてみよう。

グンカンドリの仲間やトビなどの猛禽類は上昇気流を乗り継ぐことによって上昇、下降を繰り返している。これらの鳥は体のわりに翼が大きく、そのため遅い飛行速度でも十分な揚力を得ることができる。遅く飛べることの生存上のメリットは思いのほか大きく、まず、上空でゆっくりと周辺を見渡すことができる。また、上空で円を描いて飛ぶ際の回転半径を小さくでき、そのため小さな上昇気流をも有効に活用することができる。

インドガンによるヒマラヤ山脈越えは、三つの理由から究極の高負荷運動である。第一に、高度が上がるほど空気が薄くなり、有酸素運動が困難になること。第二に、高度が上がるほど空気の密度が下がり、揚力が発生しにくくなること。そして第三に、インドガンのような大きな鳥にとって、重力に逆らう縦の移動はとりわけ負担が大きいということ。こうした高負荷運動が可能なのは、一つには、インドガンが大きな肺や有酸素運動に特化した筋肉という、ツールドフランスのサイクリストにも喩えられるアスリート体質をしているからである。それだけでなく、インドガンは最も体の負担を小さくできるコース、時間帯、飛行速度などを的確に選んでいる。

ハチドリはあらゆる鳥の中で唯一、ホバリングを長く維持できる鳥のグループである。ホバリングは前進速度がゼロの状態で、羽ばたきの効果だけから十分な空気との相対速度を得ている超高負荷運動だ。それがハチドリにだけできるのは、体が小さいこと、そのわりに心臓と胸筋は巨大であること、さらに骨格もホバリングのために特殊化していること、などの理由による。そしてその超高負荷運動を支えているのは花の蜜という糖分のかたまりである。

アホウドリは最小限の運動負荷で延々と滑空を続けることができる省エネ飛行のチャンピオン。それを可能にするのは左右に伸びた長い翼である。滑空における翼の役割は、前方から入ってくる空気を下向きに押し曲げ、その反作用としての揚力を得ること。その際、少ない空気を素早く動かすよりも、多くの空気をゆっくり動かすほうがエネルギー効率がいい。それだけでなくアホウドリは、減速しながら舞い上がり、加速しながら舞い降りるという振り子運動（ダイナミックソアリング）を海上で繰り返している。下降時に追い風を受けることにより、位置エネルギーと運動エネルギーの総量を増やし、それによって自然に失われていくエネルギーを補填している。

滑空と羽ばたき飛行は別物であり、前者こそ古典的な航空力学の考え方で理解できるが、後者の複雑性はそれでは説明できない。近年、アマツバメの翼の模型を使った実験により、翼の周りには前縁渦と呼ばれる特殊な渦が発生していることが発見された。どうやらこの前縁渦こそが羽ばたき飛行における揚力の発生メカニズムとして重要なようで、現在も研究が進められている。

飛行速度はわからない

今まで見てきたように滑空はさておき、羽ばたき飛行のメカニズムはまだそのほんの一端しかわかっていない。ましてや野生の鳥たちがどのような環境の下、どんなふうに羽ばたき飛行をし、その結果どんな生存上のメリットを享受しているのかという生態学的な問いに対する答えは、ほとんど出ていない。

だから今大切なのは、客観的な観察結果を積み重ねていくことである。一七世紀の天文学者、ケプラーは惑星の運行パターンに関する膨大なデータを積み重ねていった結果、それらを貫く一本のルールについに気が付いた。

鳥の飛行の場合、とりわけ欠けているのは飛行速度のデータである。鳥がどれくらいの速度で飛んでいるかというデータは、飛行の本質に関わる重要な情報であるのにもかかわらず、ほとんど集められていない。いや、正確に言うならば、集められてはいるけれど、データの精度に問題がある。

つまりこういうことである。鳥の飛行速度はこれまで、電波の反射とドップラー効果を利用したスピードガンによって測定されていた。交通取り締まりの警察官が車の走行速度を測定するのと同じやり方である。

けれどもスピードガンで測っているのは地面に対する対地速度であり、空気に対する対気速度ではない。本章で述べてきたように、鳥は地面ではなく空気という流体に対して飛んでいるので、本質的に重要なのは対地速度ではなく対気速度である。

なるほど原理的には、鳥の対地速度をスピードガンで計測し、それとは独立して観測した風速を差し引けば、対気速度が計算される。現に今までの研究ではそのようにして、鳥の対気速度が見積もられてきた。けれども現実には、風速は時間によって、場所によって、また高度によって大きく変化してしまう。鳥が飛んでいる高度の、その瞬間の風速を正確に測定するのはほとんど不可能だと言っていい。

そこでそういう間接的な手法ではなく、鳥の飛行中の対気速度を直接的に、正確に測定する手法の開発が長い間待ち望まれていた。

本章の後半で紹介するのは私自身の研究である。私は大槌町でのポスドク生活を終え、国立極地研究所に就職した二〇〇八年から翌年にかけてのシーズンに、ケルゲレン島でのフィールドワークを実施した。現地ではケルゲレンヒメウという鵜の一種に記録計を取り付けたのだが、その際に、予想だにしていなかったヘンテコな経緯を経て、本当に偶然に、鳥の対気速度を測定する手法を編み出してしまった。

その手法を私に教えてくれたのは、ケルゲレンヒメウ自身であった。

フランスのフランスによるフランスのための

ケルゲレン島への調査旅行は私にとって、たぶん一生忘れることのない思い出である。いや、景色のすばらしさに心を打たれたとか、調査基地の生活が楽しかったとか、そういうシンプルなものではない。景色は確かにすばらしかったし、基地の料理も掛け値なしにうまかった。でもなによりも、フランス語のできない日本人がたったひとりで四カ月間にもわたってフランスの調査チームに参加した苦労、これが大きかった。今でもケルゲレンのことを思い出すと、また行きたいような、もう二度と行きたくないような、懐かしさと苦々しさが入り混じった複雑な気持ちになる。

ケルゲレン島はインド洋の真ん中に位置するフランス領の島である。島といっても永住している島民はいない。かつては捕鯨の基地や石炭採掘の場として産業的に利用されていたが、今では科学調査のための基地がぽつんと建っているのみである。亜南極という地域区分ではあるが、南極ほど寒くはなくて雪も少なく、島全体は緑の草地に覆われている。

フランスはニューカレドニアや仏領ギアナなどいくつもの海外領土を持っているが、その中でも多分最もマイナーな、当のフランス国民さえろくすっぽ知らない絶海の孤島がケルゲレンだ。私はこの島に四カ月もいたので「フランス留学の経験あり」を自称しているが、それは北海道の天売島《てうりとう》に滞在した外国人が「日本留学の経験あり」と誇るのと同じで経歴詐称に近いかもしれない。なお私はフランス本土には行ったことがない。

ケルゲレンの調査旅行を思い起こしてみれば、始まりからして信じられないドタバタ劇だった。

当初、私のケルゲレン滞在は往復の船便も含めて一カ月間の予定だった。私の感覚では、一カ月間という日数は海外出張としてはベストに近い。ゆったりと余裕をもって現地の生活を楽しめるし、ちょうど日本が恋しくなってきた頃に帰国できる。

ところが、出発のわずか二週間前になって、今回の旅のコーディネーター役であるフランス人のチャーリーから一通のメールが来た。

「帰りの船便の日程が変わったから、もう三カ月間だけ向こうにいてね。チャオ」

目が点になった。チャオじゃない。もう三日間でも、もう三週間でもなく、もう三カ月間だけ絶海の孤島に滞在してくれと。その間にどんな生活を送ればいいのかはちっとも知らされない。かくして私のケルゲレン調査旅行は出発の直前に四カ月もの長丁場に変わった。

ケルゲレン島にはポルトーフランセという調査基地がある。研究者や基地の管理人、コック、大工など合わせて七〇人ほどが滞在していて、たぶんカナダやアラスカの僻地に点在する寒村を想像してもらえればそれに近い。私も鵜の調査のために外出した一カ月強を除けば、基地の中で毎日の生活を送った。

基地の中心部には一階が食堂、二階がバーになっている大きな建物があり、三度の食事はそこでとる。フランスの基地らしく、朝食を除いた昼食と夕食はいつもコース形式だった。前菜のサラダやスープのあとメインの肉や魚料理がきて、チーズの時間をはさんでデザートが出てくる。

チーズの時間！　私はそれまで知らなかったが、本場のフランス料理では（なんかいやらしい言い方ですが）必ずチーズの時間がある。クセのないまろやかなタイプのチーズ、表面にコショウのついた変わり種チーズ、発酵臭のする軽めのブルーチーズ、腐臭のする上級者向けブルーチーズなど、多彩なチーズコレクションの中から好きな種類を好きなだけ切り分けてきて、外はバリバリ、中はふかふかのバゲットにたっぷりとなすりつけ、赤ワインとともにいただくのがフランス人の何よりの楽しみである。

これは本当によろしい。チーズとバゲットと赤ワインという三種の神器が揃えば、フランス語のできない私でさえも思わず「トレビアン」とうなってしまう。

なお私はケルゲレンですっかりチーズファンになってしまい、帰国してしばらくの間は日本のプロセスチーズを槍玉に挙げては「チーズというものはね」と力説して皆のひんしゅくを買った。不思議と一カ月くらいで病はけろりと治り、「やっぱり日本のプロセスチーズは口に合う」とぱくぱく食べるようになった。

昼食と夕食がけっこうなら、朝食もまたけっこうだった。朝、ベッドから起き出し、寝ぼけた頭のまま着替えだけをさっと済ませて食堂に向かえば、たった今オーブンで焼きあがったばかりのバゲットが私を待っている。バリバリと荒々しく手で割って、はちみつとバターをたっぷりと塗りつけ、これまた淹れたてのコーヒーで作ったカフエオレ（牛乳も温めたものが用意されていた）とともにいただくと、大根のようなバゲットもぺろりと消えてしまう。

基地にはコックの他にパン焼き職人兼パティシエがいた。彼の仕事は毎朝のパン（おもにバゲット、その他クロワッサン等）を焼き上げることと、昼食、夕食後のデザートを作ることで、それ以外の料理には一切タッチしない。キッチンの一角がパン工房になっていて、生地をこねるための大理石の板や専用の巨大オーブンが備えられていた。パンだけでなく彼の作るデザートも絶品で、たとえばガトーショコラは外側のチョコレートはカリカリに焼き上がっているのに、中心部のチョコレートはとろりと流れだしそうなくらいに半生だった。

日本の昭和基地はもちろんのこと、フランス以外の国の南極基地にはどこにもパン焼き職人などいない。パンを焼くことがあれば、それはコックの仕事の一部である。基地の運営という観点からみれば、フランスは食の充実に並々ならぬ資金と労力を投入していることになる。

とはいってもフランスにあふれんばかりの基地運営資金があるわけではない。充実した食の反面、ケルゲレンで明らかに軽んじられていたのは情報通信だった。基地で可能なインターネットといえば、専用のアドレスを使った電子メールのみであり、ウェブページは見られなかった。電子メールといっても容量は厳しく制限されていたし、そもそも日本語のメールは七割がた文字化けして届いたので、読み解くには高度な推察能力を必要とした。基地の中の通信室にウェブページの見られるパソコンが一台あると聞いて、試してみたことがあるが、「ヤフー」のページを開けるのに一分以上もかかり、閉口してやめてしまった。通信室には電話もあったが、日本にかけると一分三五〇円もした。ちなみに日本の昭和基地では電子メールはもちろんウェブページだって自由に見られるし、電話なんか国内料金でかけられる。

フランス人にとって毎朝焼き立てのバゲットが食べられることは、インターネットで毎日のニュースがチェックできることよりもはるかに大事なことなのである。南極や亜南極にある世界各国の調査基地において、どの生活インフラに力を入れ、何を犠牲にしているかには、はっきりとした国民性が表れて面白い。

世界一の動物天国

ポルトーフランセ基地から鵜の調査地であるプアンスーザンまでは、約二〇キロの道のりを徒歩で移動する。

巨大なザックを背負っての六時間の行軍は相当ハードだが、景色の珍しさが気持ちを和ませてくれる。ケルゲレンは起伏に富んだ緑の島だが、樹木は一本たりとも生えておらず、はるか遠くまで地面が見渡せるのが面白い。サッカーボールくらいの大きさの、幾何学模様をした緑の植物がそちこちに群生していて、それは野生のキャベツだという。キャベツの葉を一枚ぺらりとめくると、奥にはアリみたいな黒い虫がうじゃうじゃと犇《ひし》めいており、それは意外にも双翅目《そうし》でハエの仲間。というのもケルゲレンでは年中、嵐のような海風が吹き荒れており、ハエの羽は役に立たないので退化してしまった。ハエ（ｆｌｙ）なのにｆｌｙできない珍虫の中の珍虫だ。海岸線には怪物のようなミナミゾウアザラシが横たわってブホッブホッと鼻を鳴らしており、私たちが脇を通り過ぎると、いかにも面倒くさそうに頭だけをこちらに向ける。

プアンスーザンはこの世のものとは思えぬ動物天国だった。緑の草地の上では、オレンジ色のくちばしの鮮やかなジェンツーペンギンたちが子育ての真っ最中。犬のような灰色の獣があたりを走りまわっているが、それはナンキョクオットセイのメスである。そのメスたちをクマのようなナンキョクオットセイのオスが、やっきになって追いまわしている。草地の向こうに見える大きな白い影は、よく見れば「空の王者」ワタリアホウドリ。近寄って観察してみると、この鳥も今が子育ての真っ最中である。草を寄せ集めて作った巣には、親そっくりのアヒル顔をした雛がちんまりと座っている。

プアンスーザンの調査小屋はすこぶる簡素な造りで、水道も電気も通っていない。水はポリタンクに貯めたものを少しずつ使い（もちろんシャワーもない）、電気は必要なときだけ発電機を回した。二畳くらいのダイニングキッチンで身を寄せ合うように食事をし、夜は寝台列車のような狭い二段ベッドに寝袋を敷いて寝た。

これに相当する日本の調査小屋と違いがあるとすれば、ガスオーブンが備えられていることだろうか。フランス人にとってガスオーブンは絶対に欠かすことのできない調理器具であり、肉でも魚でも野菜でも何でもガスオーブンに入れる。ゆでたパスタでさえ最後はオーブンでこんがりと焼いて食べるのには驚いた。

料理といえば、さすがに調査小屋では誰もそれほど凝ったものは作らないが、それでもラーメンやカレーではないちゃんとしたフランス料理を作る（当たり前だ）。私の、そして調査メンバーみんなのお気に入りはターティフレットといって、ジャガイモと玉ねぎを切って鍋に入れ、その上にまるで誕生日ケーキみたいに大きなカマンベールチーズをまるごと載せてオーブンにかけたものである。濃厚な香りに満ちた本場フランスのチーズが（また言ってしまった）とろとろに溶けてホワイトソースに変身し、こんがりと焼き上がったジャガイモや玉ねぎとワンダフルに調和する。

食べ物の話にはきりがないのでそろそろ終わりにするが、フランス人は調査小屋でさえ食後のデザートを欠かすことはない。普段はチョコレートやクッキーで用を済ませるが、あるとき調査メンバーの一人が小麦粉をこね、切ったリンゴを並べてオーブンに入れ、即席のアップルパイを作ってくれた。それは小麦の味がそのまま残ったような素朴なパイで、やさしいフランスの家庭の味がした。

最後に尾籠《びろう》な話。調査小屋にはトイレはないので、いつだって青空トイレである。小なら気の向くままにすればいいが、大は海岸に出て、投下物を洗い流してくれる潮だまりを見つけなければならない。しかも困ったことに、潮だまりの周辺にはたいていクマのようなナンキョクオットセイのオスがいて、「ウホッ、ウホッ」と奇声を上げながらメスを追いまわしている。仕方がないので一つの潮だまりに狙いを定めると、獣の横をそうっと通り過ぎ、十分にあたりを警戒しながら、これしかないというタイミングでさっと無防備な姿をさらした。

鵜は友達

調査小屋からほど近い海岸沿いの崖の中腹に、ケルゲレンヒメウは泥を固めた巣を作り、雛を育てていた。鵜が一般的にそうであるように、ケルゲレンヒメウも空を飛び、海にも潜る水空両用の鳥である（なおガラパゴスコバネウというガラパゴス諸島の鵜だけは翼が退化し、空を飛ぶことができない）。しかも特筆すべきはその潜水能力だ。ケルゲレンヒメウのオスは一〇〇メートル近い深度まで潜ることが知られており、これは体の大きさの違いを差し引いて比較すれば、潜水のスペシャリストたるペンギンにも匹敵する潜水能力である。

だから私の当初の目的は、バイオロギングでこの鳥の潜水行動を詳しく調べることだった。まさか潜水中ではなく、飛行中の速度の計測に成功し、この鳥の飛行能力を明らかにする研究に発展するとは想像だにしていなかった。よくいえば臨機応変、悪くいえば計画性なし。でもバイオロギング研究はだからこそ面白い。

ケルゲレンヒメウの捕獲は楽しい。使うのは釣竿の先に、釣り糸の代わりにワイヤをつなげただけの、ごく簡単な捕獲用具である。一つの巣に狙いを定めたら、ワイヤでループを作り、三メートルくらいの距離までそうっと近づく。そこからすっと釣竿を伸ばして、ワイヤのループに鵜の細い首をくぐらせ、ぐいと釣竿を引っぱれば、鵜がバタバタ暴れながらこちらに引き寄せられてくる。

なお鵜はたくましい鳥なので、このくらい荒っぽいやり方で捕獲してもけろりとしている。海から帰ってきた鵜が岸壁の巣に着陸するときなど、もっと激しく、ほとんどぶつかるように降り立つこともある。

記録計は防水テープを使い、鵜の背中の羽毛に巻き付けるようにして取り付ける。このときに使う「TESA」というドイツ製の防水テープは、付けるときにはがっちりと付くのに、剝がすときにはべりっと簡単に剝がれるという魔法のような一品である。鳥のバイオロギング調査はTESAによって支えられているといってもいいくらい、世界中でこのテープが使われている。

ケルゲレンヒメウの生活はサラリーマンのように規則正しい。毎朝必ず海に出かけて獲物を捕り、夕方には巣に戻ってくる。だから記録計を取り付けて放鳥し、翌朝早いうちに巣をチェックすれば、記録計を背負った鵜がちゃんと同じ巣にちんまりと座っている。それを再捕獲して記録計を回収すれば、前日に鵜が海に出かけた際の行動データが、いつもしっかりと記録されていた。

捕獲の際にくちばしでつつかれるので手に生傷が絶えないことを除けば、ケルゲレンヒメウはたいへん研究者思いの、調査のしやすい動物だった。

偶然の上の偶然

データは順調に集まっていた。毎回二羽のケルゲレンヒメウを捕獲し、記録計を取り付けて放鳥し、翌日あるいは二日後に回収する。回収の翌日にはまた別の二羽に取り付け、放鳥する。そのようなサイクルができていた。

回収した記録計はその日のうちにパソコンにつなげてデータをダウンロードする。どんなデータがとれているか、わくわくどきどきの瞬間である。でもダウンロードしたデータを詳細にチェックする余裕はなかった。なにしろ毎日のフィールドワークに追われて忙しかったたし、調査小屋で電気を使うには、その都度発電機を回さないといけなかった。

じつはその頃、調査小屋の生活に少し居心地の悪さを感じていた。毎日の作業が終わると、いつも調査メンバーの四、五人で夕食をとる（メンバーはときどき入れ替わっていた）。二畳ほどの狭いダイニングキッチンにすし詰めに座って、チーズやパンや、オーブンで調理した肉料理などをもりもり食べながら、ワインを飲んで談笑する。でも会話はすべてフランス語なので、私にはさっぱりわからない。最初のほうこそ親切な誰かが英語に通訳してくれたりするが、ワインが進むにつれてそれも途絶え、フランス語のみのジョークの言い合いになる。

もちろん向こうに悪気はないのだが、知らない言葉で大爆笑している空間に毎晩二、三時間も黙って座っているのはかなり辛い。愛想笑いにも疲れ果て、まるでとんでもなくつまらない大長編映画を見させられているときのように、早く終わってくれることを願うようになる。

だから私は「ちょっと鵜のモニタリングに行ってくる」とか「ちょっとデータをチェックしてくる」とか理由をつけて、夕食の場を中座することが多くなっていた。そしてあてもなく周辺を散歩したり、内蔵バッテリーでパソコンを動かしてデータをチェックしたりした。もちろんデータが気になっていたのは事実である。

「おや？」と思った。今日のデータは少しおかしい。

そのとき使っていた記録計は長さ一五センチくらいの筒状の金属体で、先端に遊泳速度を計測するためのプロペラが付いていた。鵜が潜ると流速によってプロペラがくるくると回転し、その回転数が一秒ごとに記録される仕掛けである。今までに集められたデータでは、一秒間に四、五〇回の速さでプロペラが回転していた。ところが今日のデータではなぜか、鵜が潜っている間も、プロペラがちっとも回転していなかった。

深いため息が出てしまった。遊泳速度は私の一番欲しかったパラメータである。第二章で説明したように、海洋動物の泳ぐ速さにはたくさんの不思議と魅力がつまっている。私はその不思議に挑戦したくて、当時も今も、なるべくたくさんの動物から遊泳速度のデータを集めようとしている。

「ん？」さらにおかしなことに気付いた。鵜が潜ってもいないのにプロペラが高速回転している時間帯がある。それはどうやら、飛行の時間に対応しているようだ。鵜が飛んでいる間、空中でプロペラが回っている？

私は混乱した。このプロペラは水中の速度を計測するためにデザインされており、空中で風を受けてくるくる回るなんて、聞いたことがない。

あれこれ考えた末に、回収したばかりの記録計を道具箱から取り出し、プロペラに軽く息を吹きかけてみて、アッと叫びそうになった。軽く息を吹きかけるくらいでは回らないはずの、水中のためにデザインされたプロペラが、くるくると高速回転を始めたからである。

なぜこんなことが起こるのだろう。記録計のプロペラを点検してみたところ、理由はただちにわかった。プロペラを回転軸に固定するためのナット、つまりプロペラが前後にぐらぐらしないように前から押さえつけているナットが、緩んでしまっていた。

つまりこういうことである。プロペラはナットがしっかりと締まった状態のときに、水中でうまく回転するようにデザインされている。水と空気は比重が八〇〇倍も違うので、通常、空気の流れによってプロペラが回転することはない。しかし——これはメーカーも意図していなかったことなのだが——ナットを適度に緩めてやれば、プロペラが回転する際の物理的な抵抗が減って、空中でもくるくる回転するようになる。今まで世界の誰も計測していない、鳥の対気飛行速度が計測できるようになる。ではナットが緩んだのはなぜだろう。これも考えてみたらただちにわかった。犯人は他でもない、ケルゲレンヒメウ自身である。記録計を取り付けて放鳥した直後のケルゲレンヒメウは、自分の背中に取り付けられた記録計を気にして、長い首を背中に伸ばしてくちばしでつっついていることが多い。やがて慣れてその動作はしなくなるものの、多くの個体がそうするのを私は見ていた。だからおそらく、鵜のくちばしがたまたま記録計のナットにヒットし、これ以上ないベストの緩み具合になったのだろう。それしか考えられない。

偶然の上の偶然。想像だにしていなかった事態。あまりの急展開に、私もすぐには頭を切り替えられなかった。なにしろ鵜の潜水を計測することばかりが頭にあって、飛行のことなど考えてもいなかったのである。夜が更けて小屋の中で寝袋にくるまっても、ああ、ナットをもっときつく締めておけばよかったと後悔さえしていた。

けれども翌朝目が覚めたときには、不思議と考えがまとまっていた。ナットが緩み、プロペラが空中で回転するようになったのは、実は大発見である。野生の鳥の飛行中の速度を――しかも空気に対する対気速度を――測定した研究例など今まで聞いたことがない。だったらこのフィールドワーク中に、鵜の飛行中のプロペラ回転数のデータを集められるだけ集めよう。そして帰国してから、プロペラ回転数と風速との関係を調べる実験をしよう。うまくいけば、世界で初めて鳥の飛行速度を計測した、とびきりの研究成果になるはずだ。

私は記録計のナットを敢えて緩めてから鵜に取り付けることを決意した。

日本で待っていたもの

調査船はインド洋の真ん中をごうごうと音をたてて進んでいた。船室でのパソコン作業に飽きて甲板に出てみると、空は真っ青に晴れ渡り、吹きつける風が気持ちいい。四カ月間もの長きにわたったケルゲレン滞在がついに終わり、船は帰途についている。日本に帰ったらまず何を食べようか、と考えた。フランス基地の料理は文句なしにうまかったが、それでもこの頃には、生理的に和食を渇望していた。ラーメンもいい、刺身もいい、でもまず最初に食べたいのは一にも二にも白い飯である。湯気の立ち上るほかほかご飯を山盛りにして、何か塩気のあるおかず――レバニラ炒めとか最高だなあ――と一緒にかっこみたい。その横にタクアンが数切れあれば、もっと最高。

それからいち早く風洞実験をしたい。プロペラを固定しているナットを敢えて緩めて使うという、恐ろしく奇抜な方法で、鳥の飛行中のプロペラ回転数のデータをどっさり集めてきた。けれどもこのデータが本当に鳥の飛行速度を表しているかは、まだ確信が持てない。それを確かめるためには、航空力学の実験に使う風洞を使って、プロペラ回転数と空気の流入速度との関係を調べなければならない。つまりプロペラ回転数が空気の流入速度とともに直線的に増加することを確かめなければならない。もしもそれがうまくいかなかったら——想像するだけでゾッとするが——私の四カ月間の苦労は徒労に帰す。

船尾の空にはアホウドリが舞っていた。長い翼を左右に広げたまま、上昇、下降と旋回とを繰り返している。よく見ればそれは確かに、上昇するときに減速し、下降するときに加速する振り子運動である。位置エネルギーと運動エネルギーとを交換しながら、追い風を受けてエネルギーの総量を増やすダイナミックソアリングである。

風洞実験の結果は文句のつけようがなかった。航空力学の実験に使う風洞に、ナットを緩めた記録計をセットし、段階的に風速を上げていく。するとプロペラの回転数もそれに応じてきれいに段階的に上がっていった。これはとりもなおさず、プロペラ回転数が鳥の飛行速度を正しく表していることを意味する。そしてその関係式を当てはめると、ケルゲレンヒメウは時速四五キロ前後で飛んでいたことがわかった。

時速四五キロにどんな意味があるのだろう。物理モデルに当てはめて計算すると、この速度は、ケルゲレンヒメウにとって最も消費エネルギーの少ない、つまり最も体への負担が小さい速度であった。

鵜の仲間は比較的体が大きく、潜水に適応した体つきをしているので、飛行はどちらかといえば苦手である。飛ぶといっても軽やかに風に舞うのではなく、バサバサと不恰好に、直線的に飛行する。潜水と飛行とはまったく質の違う運動様式であり、どちらにおいても高いパフォーマンスを発揮するのは原理的に不可能なのである。その苦手を補うために、ケルゲレンヒメウは最も体への負担が少ない速度を的確に選んで飛んでいた。

かくして私は鳥の飛行速度を直接計測することに世界で初めて成功した。そのやり方を教えてくれたのは、おかしなことに鳥自身であった。

ところでケルゲレンから帰国したその足で駆け込んだのは、池袋駅の東口にあるごくありふれた居酒屋のチェーン店だった。最初に出てきたのは、忘れもしない、味付けのメンマの載ったお通しの小皿。たかがメンマだろ、と思って口にしたら――うまいっ!!

おわりに

生物学にはおよそ二通りのアプローチがある。

たとえば哺乳類にとって水とは何か、という大きなテーマに挑むとしよう。

ひとつのやり方は、哺乳類として典型的な体の作りをもち、かつ実験も容易なネズミなどのモデル種をとことんまで研究するやり方である。ネズミの体内で水がどのように吸収されるのか、また実験的に水分摂取量を増やしたネズミ、減らしたネズミではどのような生理的応答が起こるのか、などを順々に調べ上げていく。これが伝統的なやり方。

いまひとつの、わりに新しいやり方は、哺乳類として最も典型からかけ離れた動物、たとえば丸一日水を飲まなくても平気の平左で砂漠を歩き続けるラクダを調べるやり方である。もちろんラクダは地下の動物飼育室でたやすく飼育できる動物ではないし、採血ひとつ、体重計測ひとつが数人がかりの大仕事になってしまう。調査にかかる手間と時間と費用でいえば、ネズミとは比べものにならないだろう。けれどももし、ラクダが他の哺乳類に比べて、極端に少ない水分摂水量で正常な生命活動を維持できるメカニズムが明らかになれば、それはとりもなおさず動物にとって水とは何かという、生物学の根源的な問いに答えるものである。

典型を掘り下げるか、異例からあぶり出すか。どちらも理に適った正しいアプローチであり、優劣はつけられない。

でも私個人としては、後者のアプローチに強く惹かれる。それはひとつには、異例から本質をあぶり出すという一ひねりの技法に人類の知恵を感じるからだし、それになによりも、普通の動物を調べるよりは普通でない動物を調べるほうがエキサイティングだと思うからである。

かくして本書では、徹頭徹尾、異例といえる動物にスポットライトを当ててきた。いちばん深くまで潜れるクジラ、いちばん広く飛び回る鳥、いちばん速く泳ぎ回る魚。そうした傑出した運動能力をもつ動物たちの中にこそ、生物の本質に関わる核のようなものが露わに見えていることが、おわかりいただけただろうか。

繰り返すけれど、異例から本質をあぶり出すアプローチの歴史はそれほど古くない。私の知る限り、このアプローチの元祖のひとりは、バイオロギングのパイオニアとして本書で紹介した「生理学の巨人」ショランダーである。彼はアザラシがなぜ長時間にわたって息を止められるのか、しつこいくらいに実験を繰り返したが、それは単にアザラシの潜水が物珍しかったからではない。そうではなく、アザラシという異能の哺乳類をつぶさに調べることによって、動物にとって酸素とは何かという、生物学の根源的な問いに答えられると考えていたからである。

さて、最後に私がいま進めている研究について。

私はもっか、サメの生理生態を調べるプロジェクトを進めている。ひと口にサメといっても五〇〇種類もいるのだが、ショランダーの志を継ぎたいと願う私としては、ドチザメやホシザメのような普通のサメは選ばない。ぶっちぎりに面白い特徴をもったサメの中のサメ、『ジョーズ』で有名なホホジロザメを研究する計画を着々と進めている。

本文でも説明した通り、ホホジロザメを含むネズミザメ目のサメは、魚類にもかかわらず体温を高く保つという特殊な生理機構を備えている。「魚類は変温動物」という常識にかからない、異例のうえにも異例な魚類である。だからこのホホジロザメをつぶさに調べることにより、単にこの種の生物学的知見を増やすのみならず、生き物にとって体温とは何かという、根源的な問いに迫っていけると信じている。

ショランダーが墓場からむっくり蘇ってきてサメの調査を始めるとしたら、やはりそうするに違いない。

本書を書き進めるにあたっては多くの方々の協力を賜った。本文中に実名で登場してもらった研究の仲間たちには、心からありがとうを言いたい。バイオロギングの広告塔として八面六臂の活躍を続ける佐藤克文さんにはとりわけ感謝している。びっくりするくらいにいつも前向きな内藤靖彦先生には、御本人の登場する第三章の原稿にびっしりコメントをつけていただいた。アルゴスの測位システムに関する弥富秀文さんのご指摘のおかげで、より正確な情報を記すことができた。「歩く論文記憶装置」高橋晃周さんに原稿を一通りチェックしていただいたことは、もう後には引けぬ出版前夜の私の心に平安をもたらした。短文しか書いたことのなかった私にとって、本書の執筆はフルマラソンどころか一〇〇キロのウルトラマラソンであったが、ヒーヒー弱音を吐く私に最後まで併走してくださったのは、河出書房新社の高野麻結子さんであった。

読者の皆様がたには、また次の著作でお目にかかることができれば大変うれしく思います。

二〇一四年二月

渡辺佑基

文庫版のためのあとがき

本書は今から六年前の二〇一四年、私が三五歳の頃に出版された、私にとってのピカピカのデビュー作である。有名作家のデビュー作には「無我夢中で一週間で書き上げたので何も覚えていない」なんてエピソードが付き物だけれど、どっこい本書は一年半以上かかった涙の労作である。細部までしっかりと記憶している。そこでここでは、本書の製作の過程を振り返り、また科学的な内容について若干のアップデートを加えたい。

私は大学院生だった二〇〇〇年代の半ば頃に文章を書くことに興味を持ち始めた。当時、ブログと呼ばれるインターネット上の日記が流行していたこともあって、研究のあれこれや日々の雑感などをインターネットに書いて公開していた。また研究成果をかみ砕いて短文にまとめ、小さな研究会の会報などに出すこともたびたびあった。それらが滅法面白いと評判になり——なんてことは一切ないのだが、世の中には変わった人もいるもので、河出書房新社の編集者である高野麻結子さん（以降、Tさん）から二〇一二年のある日、連絡をもらった。本を書いてみませんか、という耳を疑う依頼であった。

私は大いに迷った。興味はあるが、不安だらけである。だって、ブログや一〜二ページの会報を書くのと本を一冊書くのとは、物理的な意味が違う。たとえば室内プールを毎週泳いでいる人が、突然ですけどあなた泳げそうだからドーバー海峡を泳いで横断してみませんかと誘われたとして、その人は受けるだろうか。いや、量の問題だけではない。自分の研究内容に基づいて一篇のストーリーを組み上げるなど、やったことがない未知の世界だ。それに正直に告白すれば、本の執筆のために研究の時間が犠牲になることへのためらいもあった。

でも、迷った末に依頼を受けた。それは端的に言えば好奇心が不安を上回ったからであるし、また本の話になると目がハートになる「本好き」のTさんによって私自身の「本好き」の魂がぐらぐらと揺さぶられたからでもある。まあ、失敗したところで失うものはないのだから、やるだけやってみようと思った。

そうして長い過程が始まった。それは私とTさんとの「テニス」のようだった。私が章ごとの原稿を書いて「いきますよ」とメールで送ると、Tさんがコメントを添えてスコーンと打ち返してくる。そしてそれを私が修正し、「よいしょ」と打ち返す。ただしボールの一往復に一カ月以上もかかる超スローペースのテニスだった。

思えば執筆を始めた当初の私は、意気込みのあまりに肩にガチガチと力が入っていた。科学の本を書くというのは、図書館の書架に並んで後世まで残る当該分野の教科書を書くことだと信じていて、だから飾り気のない客観的な記述に終始していた。そんなとき、Tさんは「もっと渡辺さんのことを書いてください」と言った。研究内容よりも読者が知りたいのは、渡辺さんがどんなふうに、どんな気持ちでこの研究を進めてきたのかなんです、と彼女は強調した。

私はそれまで、科学の本の読者が求めているのは正しい知識と丁寧な解説であり、私みたいな無名の人間のつまらないおしゃべりではないと信じていたから、Tさんの言葉は意外だった。でも本の製作現場の最前線にいる人がそう力説するのだから、そうかもしれないとも思った。

それで少しずつ肩の力を抜き、フィールドワークの小話や失敗談などをちりばめていくようになった。また科学の解説の部分も、教科書然とした書き方を改め、ユーモアを意識した軽い調子で書いていくようになった。本書のスタイルは、このようにTさんとのやり取りを通して形作られた。

ところで今、本書を読み返して私が面白く思うのは、章を追うごとにストーリー構成や文章表現が滑《なめ》らかになっていることだ。第一章の「渡る」の部分は、まだ何か、書かされている風というか、著者自身が迷っているところが少なからずある。ところが第五章の「飛ぶ」になると、著者が面白いと信じるストーリーを、演出を効かせながら堂々と進めている感じがする。いわばTさんとの激しいラリーを通して私が自分のテニスのプレイスタイルを身に付けていく過程が、本書にはそのまま刻まれている。

そうして本書の外郭が形成されるにつれて、私自身の「こだわり」のようなものも出すようになっていった。私は良く言えば凝り性、悪く言えば細かな点がウジウジと最後まで気になる未練がましい性格である。Tさんが優しい編集者から鬼の原稿取立人へと見事な変貌を遂げた執筆の最終段階においても、私は細かな修正をやめようとせず、「そろそろあきらめてください」とさんざん諭された。いずれにせよ私にとっての「こだわり」は、たとえば各章がいつも突飛な枕で始まり、科学の解説の後に簡潔なまとめが入り、最後にフィールドワークの体験談で締めるという共通の構造に表れている。それからお気づきになった読者の方もおられようが、本書は科学の本としては異例なことに、図表が一切出てこない。これも本書を単なる科学の解説本ではなく、楽しい読み物にしたかった私の積極的な判断である。

さて、本書が出版されてから二〇二〇年現在までの六年間を振り返ってみると、バイオロギングの世界における革新的な変化はなかったように思う。ただ、規模の拡大は続いていて、ますます多くの研究者が多くの動物に電子機器を取り付けるようになってきた。本書で紹介したのは主に海洋動物の事例だが、陸上の鳥や哺乳類の研究例も急増している。バイオロギングは一部の研究者の使う特殊な研究手法ではもはやなくなり、動物の研究者にとっては当たり前の、基盤ともいえる研究手法になりつつある。

でもそういえば一点だけ、アップデートすべき情報があった。それは動物界の潜水チャンピオンは誰かという、第四章の話題についてである。本書では、「なんぴともたどり着けない深度に唯一たどり着ける」動物を、二〇三五メートルの潜水が記録されているマッコウクジラだとした。ただしこの記録は、「謎のベールに包まれた超エリート潜水士軍団、アカボウクジラ科」のクジラたちによって、将来破られるかもしれないと注意を加えた。

果せるかな、本書が出版された後にアカボウクジラ（アカボウクジラ科の中のアカボウクジラという種）の潜水行動を数カ月間にわたって計測した論文が発表され、マッコウクジラの記録を一〇〇〇メートル近くも上回る、二九九二メートルという最大潜水深度が報告された。ほぼ三キロ。本書の言い方を借りれば、北アルプスの乗鞍岳や立山がすっぽり沈み込む途方もない深度まで、アカボウクジラは息をこらえて潜ることができる。記録されたアカボウクジラの最大潜水時間は一三八分。一本の映画が始まって終わるまでの時間、アカボウクジラは息をこらえることができる。

まさに究極の潜水動物。このアカボウクジラの新記録は、異能の生物を見ることの楽しさを私たちに教えてくれるし、なぜそんなことが可能なのかという純粋な好奇心をもわきたたせてくれる。長時間潜水の背景にある基本的なメカニズムは、第四章で解説されている通りである。

そういうわけで、動物界の潜水チャンピオンはアカボウクジラ科に決定。今後、いくら調査が進んでも、二九九二メートルを大きく超える潜水深度が記録されることはないだろう。


最後に本書の裏話を一つ。執筆作業のゴールが見えてきた頃の最大の課題は、タイトルを付けることであった。本の製作現場ではよくあることらしいけれど、本書は「名無し」のまま執筆作業だけが進行していた。

言うまでもなくタイトルは本の顔であるから、練りに練った最高のものを付けたい。しかしそれがひどく難しいことに、ようよう私は気が付いた。

本書の内容からして考えられるのは、たとえば「なぜアザラシは一時間も潜れるのか？」という疑問形のタイトルだ。なるほど書店で人目を引くには有効かもしれないが、安直かつ非文学的な感じが私には気に食わない。にわか文学者を気取る私にとって、本のタイトルというものは、平易な言葉の意外な組み合わせによって新しいイメージを喚起するものでなければならなかった。さらにいえば、短ければ短いほど恰好いいと思っていた。たとえば司馬遼太郎の『坂の上の雲』、三島由紀夫の『春の雪』、それから村上龍の『半島を出よ』みたいに。

それで、自宅でも職場でも通勤中でさえも、うんうん唸りながら考えに考えた。本書の内容に合致し、平易な言葉の意外な組み合わせでできた短いタイトル——。

ある日、ぽかりと霊感が降ってきた。奇跡のタイトルが、ついに私の脳内にはっきりと浮かび上がった！　胸を高鳴らせながら直《ただ》ちにパソコンを立ち上げ、Tさんにメールした。

『ペンギンすいすい運動学』

どうです？　本書の内容を短く的確に表したすばらしいタイトルでしょう、とTさんに説いた。あ、もちろん「すいすい」は「すいすい読める」と「すいすい泳ぐ」をかけた高度なテクニックですよ。

ところが五分後に返ってきたTさんの反応は冷淡だった。「ご提案のタイトル、ちょっと意味がわかりません……」。

結局、『ペンギンが教えてくれた物理のはなし』のタイトルをひねり出してくれたのはTさんであった。文字数として短くはないが、「ペンギン」と「物理」という二つの言葉の意外な組み合わせによって新しいイメージを喚起している点は、私の理想に近い。タイトルの効果もあってか、本書は多くの読者に受け入れられ、版を重ねた。さらに文庫版になるという僥倖《ぎょうこう》がこのように訪れている。

こうして本書の製作過程を思い返してみると、徹頭徹尾、私とTさんとの共同作業であった。初めての本の執筆は私にとって山あり谷ありの大冒険だったけれど、無名の私に声をかけ、広い視野からの指針を与え、飴《あめ》と鞭《むち》を巧みに使い分けながら一つ一つの過程を進めたTさんにとっても大変な綱渡りだっただろうと想像する。象徴的に言えば、本書の製作過程は小学校の運動会でやる「二人三脚」のレース、あれでフルマラソンを走る感じであった。

だからTさんには心から感謝しているのだが、一つだけ疑問がある。『ペンギンすいすい運動学』はそんなに駄目ですか?

二〇二〇年四月

渡辺佑基

本書は二〇一四年四月に小社より刊行された〈河出ブックス〉『ペンギンが教えてくれた物理のはなし』を加筆・修正して文庫化したものです。

ペンギンが教《おし》えてくれた 物理《ぶつり》のはなし

二〇二〇年 七 月一〇日 初版印刷
二〇二〇年 七 月二〇日 初版発行

著　者　渡辺《わたなべ》佑基《ゆうき》

発行者　小野寺優
発行所　株式会社河出書房新社
〒一五一－〇〇五一
東京都渋谷区千駄ヶ谷二－三二－二
電話〇三－三四〇四－八六一一（編集）
〇三－三四〇四－一二〇一（営業）
http://www.kawade.co.jp/

ロゴ・表紙デザイン　粟津潔
本文フォーマット　佐々木暁
印刷・製本　中央精版印刷株式会社

Printed in Japan　ISBN978-4-309-41760-8

科学を生きる

湯川秀樹　池内了〔編〕　41372-3

“物理学界の詩人”とうたわれ、平易な言葉で自然の姿から現代物理学の物質観までを詩情豊かに綴った湯川秀樹。「詩と科学」「思考とイメージ」など文人の素質にあふれた魅力を堪能できる28篇を収録。

宇宙と人間　七つのなぞ

湯川秀樹　41280-1

宇宙、生命、物質、人間の心などに関する「なぞ」は古来、人々を惹きつけてやまない。本書は日本初のノーベル賞物理学者である著者が、人類の壮大なテーマを平易に語る。科学への真摯な情熱が伝わる名著。

世界一素朴な質問、宇宙一美しい答え

ジェンマ・エルウィン・ハリス〔編〕　西田美緒子〔訳〕　タイマタカシ〔絵〕　46493-0

科学、哲学、社会、スポーツなど、子どもたちが投げかけた身近な疑問に、ドーキンス、チョムスキーなどの世界的な第一人者はどう答えたのか？世界18カ国で刊行の珠玉の回答集！

オックスフォード&ケンブリッジ大学　世界一「考えさせられる」入試問題

ジョン・ファーンドン　小田島恒志／小田島則子〔訳〕　46455-8

世界トップ10に入る両校の入試問題はなぜ特別なのか。さあ、あなたならどう答える？　どうしたら合格できる？　難問奇問を選りすぐり、ユーモアあふれる解答例をつけたユニークな一冊！

オックスフォード&ケンブリッジ大学　さらに世界一「考えさせられる」入試問題

ジョン・ファーンドン　小田島恒志／小田島則子〔訳〕　46468-8

英国エリートたちの思考力を磨いてきた「さらに考えさせられる入試問題」。ビジネスにも役立つ、どこから読んでも面白い難問奇問、まだまだあります！

「科学者の楽園」をつくった男

宮田親平　41294-8

所長大河内正敏の型破りな采配のもと、仁科芳雄、朝永振一郎、寺田寅彦ら傑出した才能が集い、「科学者の自由な楽園」と呼ばれた理化学研究所。その栄光と苦難の道のりを描き上げる傑作ノンフィクション。

生物学個人授業

岡田節人／南伸坊　41308-2

「体細胞と生殖細胞の違いは？」「DNAって？」「プラナリアの寿命は千年？」……生物学の大家・岡田先生と生徒のシンボーさんが、奔放かつ自由に謎に迫る。なにかと話題の生物学は、やっぱりスリリング！

解剖学個人授業

養老孟司／南伸坊　41314-3

「目玉にも筋肉がある？」「大腸と小腸、実は同じ!!」「脳にとって冗談とは？」「人はなぜ解剖するの？」……人体の不思議に始まり解剖学の基礎、最先端までをオモシロわかりやすく学べる名・講義録！

触れることの科学

デイヴィッド・J・リンデン　岩坂彰〔訳〕　46489-3

人間や動物における触れ合い、温かい／冷たい、痛みやかゆみ、性的な快感まで、目からウロコの実験シーンと驚きのエピソードの数々。科学界随一のエンターテイナーが誘う触覚＝皮膚感覚のワンダーランド。

快感回路

デイヴィッド・J・リンデン　岩坂彰〔訳〕　46398-8

セックス、薬物、アルコール、高カロリー食、ギャンブル、慈善活動……数々の実験とエピソードを交えつつ、快感と依存のしくみを解明。最新科学でここまでわかった、なぜ私たちはあれにハマるのか？

犬はあなたをこう見ている

ジョン・ブラッドショー　西田美緒子〔訳〕　46426-8

どうすれば人と犬の関係はより良いものとなるのだろうか？　犬の世界には序列があるとする常識を覆し、動物行動学の第一人者が科学的な視点から犬の感情や思考、知能、行動を解き明かす全米ベストセラー！

植物はそこまで知っている

ダニエル・チャモヴィッツ　矢野真千子〔訳〕　46438-1

見てもいるし、覚えてもいる！　科学の最前線が解き明かす驚異の能力！視覚、聴覚、嗅覚、位置感覚、そして記憶——多くの感覚を駆使して高度に生きる植物たちの「知られざる世界」。

服従の心理

スタンレー・ミルグラム　山形浩生〔訳〕　46369-8

権威が命令すれば、人は殺人さえ行うのか？　人間の隠された本性を科学的に実証し、世界を震撼させた通称〈アイヒマン実験〉――その衝撃の実験報告。心理学史上に輝く名著の新訳決定版。

考えるということ

大澤真幸　41506-2

読み、考え、そして書く――。考えることの基本から説き起こし、社会科学、文学、自然科学という異なるジャンルの文献から思考をつむぐ実践例を展開。創造的な仕事はこうして生まれる。

こころとお話のゆくえ

河合隼雄　41558-1

科学技術万能の時代に、お話の効用を。悠長で役に立ちそうもないものこそ、深い意味をもつ。深呼吸しないと見落としてしまうような真実に気づかされる五十三のエッセイ。

私が語り伝えたかったこと

河合隼雄　41517-8

これだけは残しておきたい、弱った心をなんとかし、問題だらけの現代社会に生きていく処方箋を。臨床心理学の第一人者・河合先生の、心の育み方を伝えるエッセイ、講演。インタビュー。没後十年。

心理学化する社会

斎藤環　40942-9

あらゆる社会現象が心理学・精神医学の言葉で説明される「社会の心理学化」。精神科臨床のみならず、大衆文化から事件報道に至るまで、同時多発的に生じたこの潮流の深層に潜む時代精神を鮮やかに分析。

FBI捜査官が教える「しぐさ」の心理学

ジョー・ナヴァロ／マーヴィン・カーリンズ　西田美緒子〔訳〕　46380-3

体の中で一番正直なのは、顔ではなく脚と足だった！「人間ウソ発見器」の異名をとる元敏腕FBI捜査官が、人々が見落としている感情や考えを表すしぐさの意味とそのメカニズムを徹底的に解き明かす。

世界一やさしい精神科の本

斎藤環／山登敬之　41287-0

ひきこもり、発達障害、トラウマ、拒食症、うつ……心のケアの第一歩に、悩み相談の手引きに、そしてなにより、自分自身を知るために——。一家に一冊、はじめての「使える精神医学」。

脳はいいかげんにできている

デイヴィッド・J・リンデン　夏目大〔訳〕　46443-5

脳はその場しのぎの、場当たり的な進化によってもたらされた！　性格や知能は氏か育ちか、男女の脳の違いとは何か、などの身近な疑問を説明し、脳にまつわる常識を覆す！　東京大学教授池谷裕二さん推薦！

脳を最高に活かせる人の朝時間

茂木健一郎　41468-3

脳の潜在能力を最大限に引き出すには、朝をいかに過ごすかが重要だ。起床後３時間の脳のゴールデンタイムの活用法から夜の快眠管理術まで、頭も心もポジティブになる、脳科学者による朝型脳のつくり方。

脳が最高に冴える快眠法

茂木健一郎　41575-8

仕事や勉強の効率をアップするには、快眠が鍵だ！　睡眠の自己コントロール法や“記憶力”“発想力”を高める眠り方、眠れない時の対処法や脳を覚醒させる戦略的仮眠など、脳に効く茂木式睡眠法のすべて。

精子戦争　性行動の謎を解く

ロビン・ベイカー　秋川百合〔訳〕　46328-5

精子と卵子、受精についての詳細な調査によって得られた著者の革命的な理論は、全世界の生物学者を驚かせた。日常の性行動を解釈し直し、性に対する常識をまったく新しい観点から捉えた衝撃作！

ヴァギナ　女性器の文化史

キャサリン・ブラックリッジ　藤田真利子〔訳〕　46351-3

男であれ女であれ、生まれてきたその場所をもっとよく知るための、必読書！　イギリスの女性研究者が幅広い文献・資料をもとに描き出した革命的な一冊。図版多数収録。

著訳者名の後の数字はISBNコードです。頭に「978-4-309」を付け、お近くの書店にてご注文下さい。